GLUTEN FREE
SWEETS

3 STEP 🥣 1 BOWL

GLUTEN FREE
SWEETS

3 STEP 1 BOWL

GLUTEN FREE
SWEETS

3 STEP   1 BOWL

1調理盆 ＋ 3步驟完成

低敏食材自由配
42款無麩質安心甜點

森崎繭香◎著

前言……

從孩提時代開始，我就特別喜歡甜食。
又鬆又柔的海綿蛋糕、口感酥脆的餅乾、
包裹著入口即化的卡士達醬的泡芙……
如今已長大成人的我，仍舊不曾改變的，
就是搭配著咖啡或紅茶一起享用甜點的時光，
那對我來說就是最棒的療癒時刻。

這麼喜愛甜點的我，
居然有天變成了麩質過敏的體質。
所幸情況輕微，並沒有對日常生活造成妨礙，
只是對我來說，
完全無法想像有朝一日不得不控制麵粉攝取。

而除了麵粉以外，我也對豆奶過敏，
不過雞蛋以及乳製品就沒有關係。
過敏這回事，原因有可能是單數或複數，
真是每個人的狀況都不同啊！

希望使用本書的每位讀者，
都能夠配合本身的體質或身體狀況，
選擇適合的蛋糕基底或奶霜醬等結構，自由搭配組合來製作甜點。
同時最為重要的一點，是本書食譜也兼顧了「美味」的原則。

為了製作出無論是有過敏體質或沒有這類煩惱的人，
都能夠輕鬆享用對身體健康有益，同時美味不減的點心，
今後我也將努力在錯誤中學習，
繼續創造更多無麩質的甜點。

森崎繭香

GLUTEN FREE
SWEETS

3 STEP ⌣ 1 BOWL

CONTENTS

PART 1
利用5款基本麵糰
加上飽滿奶霜醬所完成的
安心甜點

PART 2
送進烤箱就搞定的
安心甜點

本書中的甜點皆由

3個部分 組合即完成！

TOPPING 配料	 草莓	配料能夠創造出甜點的表情，總之放上自己喜歡的食材就OK！尤其水果類由於有季節限制，有時不易取得，所以使用當季的、個人喜好的食物，自由地搭配，享受裝飾的樂趣吧。
	+	
CREAM 奶霜醬	 豆奶醬	本書中所介紹的食譜，最大的特點就是使用「豐厚的奶霜醬」。藉由添加柔軟滑順且滋味濃郁的奶霜醬，成功地呈現出豪華感與滿足感皆一百分的甜點！除了奶霜醬（P.60至P.73）之外，本書也有配醬及果醬（P.73）的食譜。
	+	
BASE 麵糰	 海綿蛋糕（圓形）	海綿蛋糕的麵糰，有不含蛋的「彈牙口感型」及含有雞蛋的「膨鬆柔軟型」兩種。只要使用圓形以外的造型模型，就能增加變化，創造更多樂趣。此外還有泡芙、水果塔、帕芙洛娃的作法，以及在PART 2介紹了出爐即完成的烤箱甜點。

＝

完成！

草莓
鮮奶油蛋糕

本書所介紹的甜點，

是以底座用麵糰、喜好的奶霜醬、配料裝飾 三個部分所組合而成。

麵糰及奶霜醬也都只需要3個步驟＋1個調理盆即可輕鬆搞定。

請隨個人喜好，挑選適合自己體質或身體狀況的點心吧！

VARIATION

| 美國櫻桃 | 藍莓 | 彩色珍珠糖 | 咖啡豆
（研磨後） | 覆盆子粉 |

and more...

VARIATION

| 米穀粉卡士達醬 | 覆盆子豆腐奶霜醬 | 椰香水果奶霜醬 | 楓糖南瓜奶霜醬 | 抹茶豆奶醬 |

and more...

VARIATION

| 海綿蛋糕
（方型） | 戚風蛋糕 | 杯子蛋糕 | 泡芙 | 塔派 | 帕芙洛娃 |

and more...

所有甜點皆註明

不含蛋　不含奶　含蛋　含奶

在 蛋糕底座 上塗抹決定味道關鍵的 奶霜醬 。

經由自由自在的組合搭配，你也能作出個人專屬的好味道。

草莓

+

豆奶醬

+

彈牙海綿蛋糕
（圓形）

草莓鮮奶油蛋糕

STRAWBERRY SPONGE CAKE

➜ P.24

奶油泡芙

米穀粉卡士達醬

+

泡芙

C R E A M   P U F F

➡ P.44

咖啡豆
（研磨後）

+

豆腐奶霜醬

+

柔軟海綿蛋糕
（戚風蛋糕形）

咖啡戚風蛋糕

COFFEE CHIFFON

→ P.36

滿滿奶霜醬的
蛋糕卷

美國櫻桃

＋

豆奶醬

米穀粉卡士達醬

＋

柔軟海綿蛋糕
（方形）

EXTRA CREAM ROLL CAKE

→ P.34

綜合莓果醬

+

蜂蜜優格奶霜醬

+

帕芙洛娃

帕芙洛娃
佐綜合莓果醬

PAVLOVA WITH MIXED BERRY JAM

→ P.56

迷你水果派

新鮮奇異果

+

豆奶醬

豆腐杏仁
奶霜醬

+

無模型派皮

FRUIT TARTLET

➡ P.52

→ P.40

覆盆子粉

＋

覆盆子
豆奶醬

＋

柔軟海綿蛋糕
（馬芬形）

抹茶粉

＋

抹茶豆奶醬

＋

柔軟海綿蛋糕
（馬芬形）

覆盆子杯子蛋糕

抹茶杯子蛋糕

RASPBERRY & MATCHA
CUPCAKE

→ P.30

藍莓杯子蛋糕

藍莓

+

豆腐奶霜醬

+

彈牙海綿蛋糕
（馬芬形）

BLUEBERRY
CUPCAKE

想製作不含麵粉的甜點，就要從選擇關鍵材料這點下手。
話雖如此，卻並非需要特殊材料，就從我們身邊最容易取得的食材，開始介紹選擇的重點吧。

食材介紹

米穀粉

本書中所介紹的所有麵糰，除了帕芙洛娃以外，皆使用米穀粉。製作不含麵粉的點心時，米穀粉就是主原料了。請務必選擇標示「100％米穀粉」、「烘焙專用」，不含其他添加物的米穀粉。粉質越細，越能作出口感鬆軟、質地清爽的美味甜點。建議使用日本產品。

天然豆奶

在本書中無論製作麵糰或奶霜醬，皆經常使用的植物奶。請務必挑選標示「無調整」的產品。經由豆奶（大豆雞蛋磷脂）和米油（請參照左方）確實乳化的過程，就能製作出口感滑順的美味甜點。

米油

米油的作用，在於和天然豆奶（請參照右方）混合後，讓麵糰增加黏稠度（意即乳化）。本書中推薦的米油，是一般在超市即可方便購買、價格親切的商品。若是沒有米油，使用無特殊氣味的植物油（菜籽油、太白胡麻油）也OK。

甜菜糖

本書中完全不使用白砂糖，所有食譜皆使用甜菜糖。以甜菜（製糖用）的根部所提煉出來的砂糖，雖然顏色略為偏黃，卻是增添口感及香氣不可或缺的食材之一。也推薦各位使用蔗糖或紅糖，選擇質地細緻的糖粉，溶解快速，製作上也方便許多。

蜂蜜

特色是天然且溫和的甜味。富有黏性、保濕能力佳,能夠在麵糰中增添滋潤的口感。跟據蜂蜜品種的不同,在顏色及氣味上都各有差異,請找出自己最喜歡的風味來使用吧。

楓糖漿

以楓樹的樹液所提煉製作。風味明顯、香氣獨特,能為日常點心增加一抹別緻的香甜。

泡打粉

又稱為發粉。有些商品會混入少量麵粉或玉米粉,請仔細看清成分,挑選無添加物的純正泡打粉。最好是不含鋁的天然泡打粉。

玉米粉

要使不含蛋的海綿蛋糕仍有膨鬆口感、塔派類甜點依然酥脆,玉米粉就是好吃的關鍵。建議使用日本產品。

杏仁粉

把杏仁磨成粉狀製成。在本書中,杏仁粉用於增加麵糰的濕潤度及豐富度,也使用於某些奶霜醬(需烘烤的類型)中。不僅加深了韻味,也能襯托入口後的層次感。

嫩豆腐

除了用在入口即化、充滿迷人滋味的豆腐奶霜醬（P.64、65）之外，還有鋪在塔派頂層烘烤而成的豆腐杏仁奶霜醬（P.67）、山藥豆腐巧克力蛋糕（P.80）等等，這些基本食材裡也可加入嫩豆腐，製造出濕潤飽足的口感。

新鮮檸檬

能夠不留痕跡地調整天然豆奶的濃度。除了豆奶醬（P.60）以外，讓不能攝取乳製品的人也能一嚐起司風味甜點的起司風味豆奶醬（P.73），也是利用檸檬的酸味達到相同的效果。

椰子油

屬於不易氧化的油種，對人體也有益處，因此相當受歡迎。在製作奶霜醬時，不適合使用香氣過於明顯的油，請選擇無味的椰子油。如果凝固，只需隔水加熱即可還原成液體狀。

椰子奶油（Coconut Cream）

使用於本書的椰香果乾奶霜醬（P.69）中。不同於天然豆奶的風味與香氣，在調味過程裡能增加不同的口味變化，風味比椰奶（coconut milk）更香濃。

耐熱調理盆

本書中所介紹的食譜,都只需要一個調理盆即可完成。玻璃材質的耐熱調理盆可以直接放進微波爐加熱,相當方便。建議選擇容量較大的調理盆。

打蛋器＆矽膠抹刀

打發或混合麵糊食材時,這兩樣工具不可或缺。找出最符合個人手感的好用工具吧!

小鍋具

本書中的食譜不太需要使用爐火加熱,但在製作泡芙麵糊或卡士達醬時,有一個小型的鍋具還是很方便的。在需要把整瓶凝固的椰子油隔水加熱融化時,小鍋也很好用。

篩網

米穀粉的粉質很細,因此在使用前不需過篩。篩網多用在需要加入杏仁粉的步驟,所以洞口不用太細也無妨。也可使用竹篩替代。

烤盤或保存容器

需要快速冷卻卡士達醬,或保存點心及奶霜醬時,相當便利。

電動攪拌器

主要在打發雞蛋時使用。當然以打蛋器也可以打發,但要打出質地細緻的泡沫相當不容易。有一台電動攪拌器,就能十分輕鬆地製作甜點了。

手持式食物調理棒

使用於製作需要乳化的奶霜醬。要作出滑潤順口的奶霜醬不可或缺,雖然也能以電動攪拌器替代,但手持式食物調理棒在分量較少的情況下也能使用,相當推薦。

開始製作之前

☑ 測量必須仔細

甜點的製作過程裡，分量的精準度是成敗關鍵。只要稍微有點落差，結果便會天差地遠，所以請務必仔細確實測量！分量抓準後，其他步驟稍微調整增減便無妨了。

☑ 注意雞蛋的溫度

只要使用確實經過冷藏降溫的雞蛋，基本上便不易失敗。不過在製作泡芙＆巴黎布蕾斯特（P.42）時例外，把雞蛋事先回至常溫後，雞蛋能和麵糰融合得更好，之後膨脹的效果也會更漂亮。

☑ 仔細地攪拌均勻

無麩質點心最令人開心的特色，莫過於失敗率很低。正是因為不使用麵粉，不會形成麵筋，所以不會因為攪拌方式而影響成果。只要仔細攪拌直到麵糰出現光澤感即可。

☑ 最後才加泡打粉

泡打粉在最後一個步驟才加入，攪拌混合好後立刻送入烤箱，是我的小技巧。一旦加入泡打粉，麵糰便立刻產生化學反應。如果讓麵糰開始漸漸膨脹，送進烤箱烘烤時的膨脹效果就會變差。請在事前先將烤箱預熱好，使麵糰只要一完成立刻能送入烤箱烘烤。

☑ 自由自在地裝飾！ 製作你心愛口味的甜點吧

本書中的食譜雖然強調是有著飽滿奶霜醬的甜點，但食材完全不使用動物性奶油（鮮奶油）。即便如此，書中介紹的許多點心仍和鮮奶油或市面販賣的果醬、各式配料很合拍，搭配起來也一樣美味！若能依據個人體質或身體狀況，挑選組合出最適合的點心，那是最好不過了。

〔 **本書的重點** 〕

· 1小匙＝5ℓ、1大匙＝15ℓ。

· 雞蛋使用L尺寸（約65g）。

· 烤箱的溫度及烘烤時間為參考值。由於廠牌或機種的不同，結果可能產生差異。有些食譜的烘烤時間是以區間標示，建議先以最短時間設定烤箱，再根據烘烤出來的狀態調整時間長度。

· 微波爐的功率是600W。若使用500W的微波爐，請把時間加長1.2倍。

· 可可粉、烘焙用巧克力（甜）、巧克力脆片這類烘焙食材，有些會含有乳製品，請仔細閱讀標示後再選購。

· 烘焙紙模使用市售產品，或以烘焙紙裁剪成適合模型的大小後使用。

不含蛋	不含奶
含蛋	含奶

每款甜點都標明「含蛋」「不含蛋」＆「含奶」「不含奶」。

○ 其他適合的 **CREAM**

除了食譜中的奶霜醬以外，也可跟據體質或身體狀況，改用其他種類的奶霜醬。

擠出	○
層疊	○
塗抹	○

標示出奶霜醬的硬度。想要調配專屬個人口味的甜點時，請參考使用。

5 BASE & EXTRA CREAM

3 STEP　1 BOWL

PART 1

利用5款基本麵糰
加上飽滿奶霜醬所完成的
安心甜點

SPONGE CAKE　CREAM PUFF

PARIS BREST

TART　PAVLOVA...

5種基本麵糰（彈牙口感海綿蛋糕、柔軟膨鬆海綿蛋糕、泡芙
＆巴黎布蕾斯特、派皮＆小派皮、帕芙洛娃）及24款奶霜醬、
3款配醬＆果醬，請用以上的各式搭配，創造出專屬於你個人的
甜點吧！

基本麵糰 [1]

BASE 彈牙口感海綿蛋糕

雖然不含蛋，經由豆奶和油脂徹底乳化所製造出來的口感卻也輕爽無負擔。再加上杏仁粉，風味更馥郁！

直徑15cm的圓形

24cm×24cm的方形

直徑7cm的馬芬形

■ 材 料
（直徑15cm的圓形模1個分／24cm×24cm的方形模1個分）

A 天然豆奶 … 160g
　 甜菜糖 … 40g
　 蜂蜜 … 30g
　 香草油（vanilla oil） … 少許（可省略）
米油 … 70g
B 米穀粉 … 120g
　 杏仁粉 … 30g
　 玉米粉 … 30g
泡打粉 … 1大匙（12g）

- -

■ 材 料 （直徑7cm的馬芬形6個分）

A 天然豆奶 … 130g
　 甜菜糖 … 30g
　 蜂蜜 … 20g
　 香草油（vanilla oil） … 少許（可省略）
米油 … 60g
B 米穀粉 … 90g
　 杏仁粉 … 20g
　 玉米粉 … 20g
泡打粉 … 2小匙（9g）

■ 準 備

○ 將**A**料裝入調理盆內，放入冰箱冷藏約30分鐘。

○ 模型內鋪好烘焙紙（馬芬模型則鋪紙杯模）。

○ 烤箱預熱至180℃。

STEP
1

STEP
2

STEP
3

從冰箱取出**A**料，以打蛋器攪拌均勻。慢慢倒入米油並攪拌混合，使其徹底乳化。

將**B**料混合後過篩加入，再以打蛋器持續攪拌，直到整體質地均勻柔滑為止。

泡打粉過篩後加入，以打蛋器快速拌勻，完成麵糊。

烘烤　麵糊全部混合完成後（加入泡打粉後），立刻送入烤箱是最大的重點！

直徑15cm的圓形

在鋪好烘焙紙的模型裡，以矽膠抹刀盛接麵糊倒入模型內。先以180℃烘烤20分鐘，再以160℃續烤10分鐘即完成。

24cm×24cm的方形

在鋪好烘焙紙的模型裡，以矽膠抹刀盛接麵糊倒入模型內，整平表面。先以180℃烤10分鐘，再以160℃續烤20分鐘即完成。

直徑7cm的馬芬形

在鋪好紙杯模的模型內，以湯匙舀入麵糊，先以180℃烤10分鐘，再以160℃續烤15分鐘即完成。

MEMO／從出爐到保存

以竹籤戳刺，如果抽出後沒有沾黏任何麵糊即表示烘烤完成。出爐後為了防止蛋糕縮小，立刻把模型抬起至20cm高度後朝桌面落下，接著連同模型一起散熱冷卻，至不燙手的程度後即可脫模。保存時為了防止乾燥，請以保鮮膜包起（保存期間：冷藏3天／冷凍2週）。

■ 材 料 （1個分）

彈牙口感海綿蛋糕（P.22）
　… 直徑15cm的圓形模1個
豆奶醬（P.60）… 200至300g
草莓 … 20至25顆

■ 準備

○ 草莓先取12顆留作為裝飾用。其餘為夾
　心用，切去蒂頭後再切成薄片。
○ 海綿蛋糕水平切成3片。

CREAM

豆奶醬
➜ P.60

STRAWBERRY SPONGE CAKE

草莓鮮奶油蛋糕

不含雞蛋也不含鮮奶油，依然可以作出最經典的草莓鮮奶油蛋糕！
塗抹奶霜醬也不需要技巧，推薦給對於作甜點沒有自信的人。

STEP	STEP	STEP
1	2	3

取1片彈牙口感海綿蛋糕，放上1/3分量的豆奶醬，以湯匙背面推勻，整齊放上1/2分量的夾心用草莓片。

在步驟1的草莓片上面，加上1片海綿蛋糕，輕輕壓緊。和步驟1以相同方式塗1/3分量的豆奶醬，擺放上剩下的草莓片，再加上1片海綿蛋糕後，輕輕壓緊。

把剩下的豆奶醬倒在海綿蛋糕上，以湯匙背面推勻後，放上裝飾用草莓即完成。

☁ 其他適合的 **CREAM**

· 米穀粉卡士達豆奶醬（P.63）
· 豆腐奶霜醬（原味、P.65）
· 蜂蜜優格奶霜醬（P.72）

■ 材料 （21cm×16cm×3cm的烤盤1個分）

彈牙口感海綿蛋糕（P.22）… 24cm×24cm的方形1個
豆腐奶霜醬（原味、P.65）… 300g
咖啡糖漿
　　A 即溶咖啡 … 1/2大匙（3g）
　　　甜菜糖 … 1/2大匙（4.5g）
　　　熱水 … 1大匙（15g）
　　咖啡酒 … 1/2大匙（7.5g）
可可粉 … 適量

■ 準備

○ 將**A**料仔細拌勻溶化，放涼至不燙手的程度後加入咖啡酒，完成咖啡糖漿。

※可可粉使用不含砂糖或乳製品的100%純可可粉。

CREAM

豆腐奶霜醬
（原味）
➡ P.65

TOFU TIRAMISU

豆腐提拉米蘇

雖然可以完成後立即享用，但若在塗抹奶霜醬後稍微靜置一段時間，
讓糖漿和奶霜醬相互融合後，彈牙口感海綿蛋糕便會多一層濕潤口感！

STEP
1

STEP
2

STEP
3

配合烤盤的尺寸裁切海綿蛋糕
後，鋪入盤內。以刷子刷上咖啡
糖漿。

放上豆腐奶霜醬後塗抹均勻（這
個步驟完成後，若能靜置1小時
至1晚更佳）。

享用之前灑上可可粉即完成。

☁ 其他適合的 **CREAM**

· 豆奶醬（P.60）
· 起司奶霜醬（P.72）
· 起司風味豆奶醬（P.73）

■ 材 料 （1個分）

彈牙口感海綿蛋糕（P.22）
　　… 24cm × 24cm的方形1個
起司風味豆奶醬（P.73）… 約50g
巧克力豆奶醬（P.61）… 約50g
楓糖南瓜奶霜醬（P.71）… 約50g

紫芋奶霜醬（P.70）… 約50g
黑芝麻豆腐奶霜醬（P.65）… 約50g
覆盆子豆腐奶霜醬（P.64）… 約50g
彩色珍珠糖、南瓜籽 … 各適量

OPEN CAKE

單面蛋糕

只須在海綿蛋糕上塗抹奶霜醬,時髦有趣的甜點立刻上桌!
如果搭配2種以上的奶霜醬,就能營造出色彩繽紛的視覺效果。

STEP
1

STEP
2

STEP
3

在彈牙口感海綿蛋糕上,分別塗抹各式奶霜醬,再以湯匙背面推平。

起司風味豆奶醬灑上珍珠糖,楓糖南瓜奶霜醬放上幾顆南瓜籽。

切開成容易入口的大小即完成。

CREAM

起司風味豆奶醬
➡ P.73

巧克力豆奶醬
➡ P.61

楓糖南瓜奶霜醬
➡ P.71

紫芋奶霜醬
➡ P.70

黑芝麻豆腐
奶霜醬 ➡ P.65

覆盆子豆腐
奶霜醬 ➡ P.64

⬭ 其他適合的 CREAM

· 抹茶豆奶醬(P.61)
· 咖啡豆腐奶霜醬(P.65)
· 椰香果乾奶霜醬(P.69)
· 蜂蜜優格奶霜醬(P.72)

■ 材料 （6個分）

彈牙口感海綿蛋糕（P.22）… 直徑7cm的馬芬形6個
豆腐奶霜醬（原味、P.65）… 150g至250g
藍莓 … 24至36個

CREAM

豆腐奶霜醬
（原味）
➡ P.65

BLUEBERRY CUPCAKE

藍莓杯子蛋糕

只要改變奶霜醬的塗法就能呈現不同造型。
在此將示範兩種裝飾上的變化。

STEP
1

STEP
2

STEP
3

在海綿蛋糕的中央盛上豆腐奶霜醬，以湯匙背面簡單推開，輕拍幾下製造出波浪紋路。

把豆腐奶霜醬填入裝上直徑1cm花嘴的擠花袋內，擠在步驟**1**之外的海綿蛋糕上，每個海綿蛋糕擠上6個奶霜球。

加上藍莓裝飾即完成。

☁ 其他適合的**CREAM**

以湯匙製造波浪紋路時
- 豆奶醬（P.60）
- 米穀粉卡士達豆奶醬（P.63）
- 蜂蜜優格奶霜醬（P.72）

使用擠花袋時
- 椰子油奶霜醬（P.68）
- 起司奶霜醬（P.72）

基本麵糊 [2]

BASE
柔軟膨鬆海綿蛋糕

利用雞蛋膨脹的力量，製作出不過分濃郁
卻也不失於平淡的鬆軟口感。
蛋黃與蛋白不用另外打發，
特色依舊是一個調理盆即可搞定！

直徑15cm的圓形

24cm × 24cm的方形

直徑7cm的馬芬形

直徑17cm的戚風形

■ 材 料
（直徑15cm的圓形1個分／24cm×24cm的方形1個分／
直徑7cm的馬芬形6個分）

蛋白 … 2個分
甜菜糖 … 30g
蛋黃 … 2個
A 米穀粉 … 35g
│ 泡打粉 … 1/4小匙（1g）
B 天然豆奶 … 1大匙（15g）
│ 米油 … 1大匙（12g）

- -

■ 材 料 （直徑17cm的戚風形1個分）

蛋白 … 4個分
甜菜糖 … 60g
蛋黃 … 4個
A 米穀粉 … 70g
│ 泡打粉 … 1/2小匙（2g）
B 天然豆奶 … 2大匙（30g）
│ 米油 … 2大匙（24g）

※製作咖啡戚風蛋糕（P.36）時，只須把**B**料的天然
豆奶換成同等分量的水，加入1大匙即溶咖啡粉後混
合均勻，待咖啡粉完全溶化後加入米油即可。其他的
材料、作法皆相同。

─────────────────────────

■ 準備

○ 模型內鋪好烘焙紙（馬芬模型鋪紙杯模、戚風模
　型則不需要鋪烘焙紙）。

○ **B**料混合好備用。

○ 烤箱預熱至180℃（使用方形模型時190℃）。

STEP
1

STEP
2

STEP
3

調理盆裡放入蛋白後，以電動攪拌器（高速）打發，甜菜糖分成3次加入蛋白內，打至硬式發泡，即尖角挺立的程度。

蛋黃一個一個分開加入。每倒入一個後都以電動攪拌器仔細混合拌勻。

把**A**料混合好後過篩加入，再以矽膠抹刀拌勻。攪拌至粉末即將完全消失前，加入**B**料並且混合拌勻，直到麵糰出現光澤感即可！

烘烤　麵糰全部混合完成後，立刻送入烤箱是最大的重點！

直徑15cm的圓形

在鋪好烘焙紙的模型裡，以矽膠抹刀盛接麵糰倒入模型內，以180℃烤20至25分鐘即完成。

24cm×24cm的方形

在鋪好烘焙紙的模型裡，以矽膠抹刀盛接麵糰倒入模型內，整平表面，以<u>190℃</u>烤13至15分鐘即完成。

直徑7cm的馬芬形

在鋪好紙杯模的模型內，以湯匙舀入麵糰，以180℃烤13至15分鐘即完成。

直徑17cm的戚風形

以矽膠抹刀盛接麵糰倒入模型內，以拇指輕壓高聳的煙囪部位，轉動模型2至3次，待整體麵糰平整後，以180℃烤30至35分鐘即完成。

MEMO／ 從出爐到保存

以竹籤戳刺，如果抽出時沒有沾黏任何麵糰即表示完成。出爐後為了防止縮小，立刻把模型抬起至20cm高度後朝桌面落下。戚風模型出爐後上下倒立，插在瓶子上散熱，其他的模型則先脫模後，把蛋糕放在網架上散熱。散熱至不燙手的程度後，為了防止蛋糕體乾燥，請以保鮮膜包起後保存（保存期間：冷藏3天／冷凍2週）。

〔以戚風模型烘烤時的散熱方式〕

■ 材 料 （1個分）

柔軟膨鬆海綿蛋糕（P.32）… 24cm×24cm的方形1個
米穀粉卡士達醬（P.62）… 約240g
豆奶醬（P.60）… 約100g
美國櫻桃 … 24個

■ 準備

○ 櫻桃取10顆留作裝飾用。剩下為夾心用，去梗後對
　半切開，去籽備用。

CREAM

米穀粉卡士達醬
➡ P.62

豆奶醬
➡ P.60

EXTRA CREAM ROLL CAKE

滿滿奶霜醬的蛋糕卷

以平板狀的海綿蛋糕把滿滿的卡士達醬包裹住，捲起來！
除了櫻桃，也很適合使用草莓或奇異果這類帶有酸度的水果。

STEP 1	STEP 2	STEP 3

將柔軟膨鬆海綿蛋糕預計捲起的尾端處（離操作者較遠處），從內向外約1cm處以斜面切除後，放在烘焙紙上，接著塗抹米穀粉卡士達醬。留下外側約1cm左右不塗，以奶油抹刀推平卡士達醬，擺上夾心用櫻桃。

從靠近操作者側，利用烘焙紙捲成蛋糕卷。捲好後收口處朝下，以保鮮膜整個包覆固定，放入冰箱冷藏1至2小時。

撕下保鮮膜，以湯匙舀取豆奶醬放在蛋糕卷頂端。最後以裝飾用櫻桃點綴即完成。

☁ 其他適合的 **CREAM**

捲心用
· 豆腐奶霜醬（原味、P.65）
· 巧克力豆腐奶霜醬（P.65）

頂端裝飾用
· 米穀粉卡士達豆奶醬（P.63）
· 蜂蜜優格奶霜醬（P.72）

■ 材料 （1個分）

柔軟膨鬆海綿蛋糕（P.32、咖啡口味）… 直徑17cm的戚風形1個分

豆腐奶霜醬（原味、P.65）… 200至300g

咖啡豆（研磨後）… 適量

CREAM

豆腐奶霜醬
（原味）
➡ P.65

COFFEE CHIFFON

咖啡戚風蛋糕

最受歡迎的戚風蛋糕，搭配滿滿的奶霜醬，美味更上層樓。
把奶霜醬作成夾心，就可以直接以手拿著大快朵頤，真讓人開心。

STEP	STEP	STEP
1	2	3

將海綿蛋糕切成6等分，內側（靠模型煙囪處）切出刀口。

在裝有星形花嘴的擠花袋內，填入豆腐奶霜醬，把蛋糕刀口稍微翻開後，擠入奶霜醬。

灑上研磨後的咖啡豆即完成。

※如P.10的作法，在表面塗抹奶霜醬後再灑上咖啡豆也OK。

☁ 其他適合的 **CREAM**

· 米穀粉卡士達醬（P.62）
· 起司奶霜醬（P.72）

若只需要搭配食用而不擠花，
豆奶醬（P.60）或咖啡豆腐奶霜醬
（P.65）也OK。

■ 材 料 （1個分）

柔軟膨鬆海綿蛋糕（P.32）… 直徑15cm的圓形1個
椰香果乾奶霜醬（芒果口味、P.69）… 約300g
椰子絲 … 適量

■ 準備

○ 將海綿蛋糕水平切成2片。

CREAM

椰香果乾奶霜醬
➔ P.69

MANGO COCONUT CAKE

椰香芒果鮮奶油蛋糕

最適合夏季的熱帶風味鮮奶油蛋糕！
使用乾燥水果，四季都可以製作。

STEP
1

STEP
2

STEP
3

取其中一片海綿蛋糕，塗上1/2
分量的椰香果乾奶霜醬（芒果也
約莫含1/2分量），以湯匙背面
略為推平。

蓋上另一片海綿蛋糕。

放上剩下的椰香果乾奶霜醬，最
後均勻灑上椰子絲即完成。

☁ 其他適合的 CREAM

· 豆奶醬（P.60）
· 覆盆子豆奶醬（P.61）
· 椰子油奶霜醬（P.68）
· 蜂蜜優格奶霜醬（P.72）

■ 材料 （各3個分）

柔軟膨鬆海綿蛋糕（P.32）… 直徑7cm的馬芬形6個

抹茶豆奶醬（P.61）… 約100g

覆盆子豆奶醬（P.61）… 約100g

抹茶粉 … 適量

覆盆子粉 … 適量

CREAM

抹茶豆奶醬
→ P.61

覆盆子豆奶醬
→ P.61

僅限麵糰
含蛋　不含奶

MATCHA CUPCAKE & RASPBERRY CUPCAKE

抹茶杯子蛋糕
覆盆子杯子蛋糕

覆蓋兩種不同口味奶霜醬的杯子蛋糕！
綠色＋粉紅色的組合十分可愛，請務必把兩種口味搭配在一起製作。

STEP 1	STEP 2	STEP 3

在海綿蛋糕上放上一匙抹茶豆奶醬。

在其他海綿蛋糕上放上覆盆子豆奶醬，再以湯匙背面畫出漩渦狀。

分別灑上抹茶粉、覆盆子粉即完成。

☁ 其他適合的 **CREAM**

· 豆奶醬（P.60）
· 覆盆子豆腐奶霜醬（P.64）
· 抹茶豆腐奶霜醬（P.65）
· 甘薯奶霜醬（P.70）
· 蜂蜜優格奶霜醬（P.72）

BASE 泡芙&巴黎布蕾斯特

影響泡芙膨脹程度的關鍵，
其實是麵粉（意即麵筋的分量）。
若使用米穀粉製作，就沒有出筋的問題，
也就不容易失敗了。

直徑5至6cm的泡芙

直徑16cm的巴黎布蕾斯特

■ 材料
（直徑5至6cm的泡芙10個分／
直徑16cm的巴黎布蕾斯特1個分）

A 水 … 100g
　甜菜糖 … 1小匙（5g）
　鹽 … 1小撮
　椰子油 … 30g
米穀粉 … 60g
蛋液 … 2個分（110g）

■ 準備

○ 雞蛋回至室溫。

○ 烤盤內鋪上烘焙紙。

○ 烤箱預熱至200℃。

○ 準備噴霧器。

STEP
1

STEP
2

STEP
3

在小鍋裡放入**A**料後，以中火加熱至完全煮沸，一口氣倒入米穀粉。熄火並移開火源，以矽膠抹刀快速攪拌均勻，直到麵糰成形。	慢慢倒入蛋液，同時攪拌混合（如果不易攪拌，可以使用打蛋器）。	以矽膠抹刀舀起麵糰，若麵糰會緩緩落下、呈倒三角形，就表示攪拌完成。蛋液視麵糰狀態不一定要全部加入，也可以增加分量。

烘烤　重點：烘烤期間千萬不要打開烤箱！

(MEMO / 從出爐到保存)

整體均勻膨脹且略為烤出焦色即可。出爐後置於網架上，散熱至不燙手的程度後，即可裝入保鮮袋內保存（保存期限：冷藏2天／冷凍2週）。無論冷藏或冷凍保存，使用前再放入烤箱以180℃烘烤5分鐘左右即可。不須解凍直接放入烤箱就OK。

直徑5至6cm的泡芙

麵糰填入裝有直徑1cm圓形花嘴的擠花袋內，在烤盤內擠出10個直徑4cm的圓形。表面均勻噴上水霧，放入烤箱以200℃烘烤20分鐘，接著不打開烤箱門，直接再以160℃續烤25分鐘即完成。

直徑16cm的巴黎布蕾斯特

麵糰填入裝有星形花嘴的擠花袋內，在烤盤內擠出2圈直徑16cm的圓圈，接著在2圈之間的縫隙處再擠上1圈（剩下的麵糰可以擠成小泡芙狀）。表面均勻噴上水霧，以200℃烤箱烘烤20分鐘，放入烤箱以200℃烘烤20分鐘，接著不打開烤箱門，直接再以160℃續烤30分鐘即完成。

■ 材 料 （10個分）

泡芙（P.42）… 直徑5至6cm的泡芙10個
米穀粉卡士達醬（P.62）… 約430g

CREAM

米穀粉卡士達醬
→ P.62

- 44 -

CREAM PUFF

奶油泡芙

以不使用麵粉製作的泡芙，填滿不使用麵粉製作的卡士達醬，
這是一道完全不含任何麵粉成分的奶油泡芙。

STEP
1

STEP
2

STEP
3

將泡芙從上方1/3位置切開。

把米穀粉卡士達醬填入裝有星形
花嘴的擠花袋內，擠在泡芙中央
位置。

把切下的泡芙蓋回去即完成。

◯ 其他適合的 **CREAM**

· 黑芝麻豆腐奶霜醬（P.65）
· 楓糖南瓜奶霜醬（P.71）
· 起司奶霜醬（P.72）

■ 材 料 （1個分）

巴黎布蕾斯特（P.42）… 直徑16cm的巴黎布蕾斯特1個

起司奶霜醬（P.72）… 300至400g

草莓 … 4顆

奇異果 … 1顆

芒果 … 1/3顆

藍莓 … 10顆

糖霜

　甜菜糖 … 50g

　檸檬汁 … 2小匙（10g）

■ 準備

○ 草莓去蒂頭，縱向對半切開。

○ 奇異果、芒果，分別削皮後切成2至3cm丁狀。

○ 慢慢把檸檬汁加入甜菜糖裡，完全溶解製成糖霜。

CREAM

起司奶霜醬
➡ P.72

FRUIT PARIS BREST

水果巴黎布蕾斯特

把麵糰擠成大大的圓圈，作出色彩豐富又豪華的甜點！
搭配卡士達醬或鮮奶油（或兩種一起！）都很適合。

STEP
1

STEP
2

STEP
3

將巴黎布蕾斯特水平對半切開。把起司奶霜醬填入裝有星形花嘴的擠花袋內，從外緣側向中央擠出。

隨意擺放上水果。

把之前切下的另一半巴黎布蕾斯特蓋上來，最後以刷子刷上糖霜即完成。

☁ 其他適合的 CREAM

· 米穀粉卡士達醬（P.62）
· 椰子油奶霜醬（P.68）

基本麵糰［4］

BASE
派皮&小派皮

不只不含麵粉，也不含蛋。
加了天然豆奶和米油，使成品口感清爽酥脆。
而在本書裡，
也會教大家不使用模型製作的方法！

直徑約18cm的無模型派皮　　　　　　　　直徑約6cm的無模型小派皮

■ 材料
（直徑約18cm的無模型派皮1個分／
直徑約6cm的無模型小派皮5個分）

A 米穀粉 … 40g
　杏仁粉 … 40g
　玉米粉 … 30g
　甜菜糖 … 30g
　鹽 … 1小撮
米油 … 40g
天然豆奶 … 20g

■ 準備

○ 烤盤內鋪上烘焙紙備用。

STEP 1

調理盆裡放入**A**料後，以手畫圓輕拌混勻。加入米油後，以雙手搓揉的方式混合攪拌，直到麵糰變成奶酥狀。之後加入天然豆奶，繼續以手混合攪拌，直到整體質感變得濕潤，再以雙手搓成圓球狀。

※製作小派皮時，把麵糰分成5個小圓球。

STEP 2

以兩張保鮮膜上下夾住步驟**1**的麵糰，以擀麵棍把麵糰擀成直徑約20cm的圓片狀（厚度5mm）。移除底部的保鮮膜，移至烘焙紙上，再把上面的保鮮膜取下。

※製作小派皮時，就擀成每個直徑8cm的圓片狀（厚度5mm）。

STEP 3

從外緣向內折入1cm，調整好形狀後，再折入1cm。以叉子戳出均勻的小洞，輕輕蓋上保鮮膜後，放入冰箱冷藏至少30分鐘。

烘烤

重點：利用靜置冷藏麵糰的時間，把烤箱預熱至180℃，就能烤出酥脆的派皮！

直徑約18cm的無模型派皮

從冰箱取出麵糰後，撕下保鮮膜，連著烘焙紙直接放到烤盤上，放入烤箱以180℃烘烤15分鐘即完成。

※也可以鋪入派皮模型烘烤。

直徑約6cm的無模型小派皮

從冰箱取出麵糰後，撕下保鮮膜，連著烘焙紙直接放到烤盤上，放入烤箱以180℃烘烤10分鐘即完成。

MEMO／從出爐到保存

整體烤至微焦上色即可。出爐後置放於網架上散熱，冷卻至不燙手的程度後，即可裝入保鮮袋內保存（保存期限：冷藏3天／冷凍2週）。

■ 材料 （1個分）

派皮（P.48）
… 直徑約18cm的無模型派皮1片
無蛋杏仁奶霜醬（P.66）… 約80g
米穀粉卡士達醬（P.62）… 約90g
覆盆子 … 40顆

■ 準備

○ 烤箱預熱至180℃。

CREAM

無蛋杏仁奶霜醬
➡ P.66

米穀粉卡士達醬
➡ P.62

RASPBERRY TART

覆盆子派

派皮以烤箱確實烘烤過，酥脆的口感絕佳！
米穀粉卡士達醬隨個人喜好增加分量也OK。

STEP
1

STEP
2

STEP
3

把無蛋杏仁奶霜醬放在無模型派
皮上，以湯匙背面推開，接著放
入烤箱以180℃烘烤20分鐘後，
置於網架上散熱。

覆蓋上米穀粉卡士達醬，推開。

最後整齊擺放上覆盆子即完成。

☁ 其他適合的 **CREAM**

取代無蛋杏仁奶霜醬
- 含蛋杏仁奶霜醬（P.66）
- 豆腐杏仁奶霜醬（P.67）

取代米穀粉卡士達醬
- 覆盆子豆腐奶霜醬（P.64）
- 蜂蜜優格奶霜醬（P.72）

■ 材料 （5個分）

小派皮（P.48）
　… 直徑約6cm的無模型小派皮5片
豆腐杏仁奶霜醬（P.67）… 約50g
豆奶醬（P.60）… 約70g
奇異果（切片）… 10片

■ 準備

○ 烤箱以180℃預熱。

<table>
<tr><td colspan="2" style="text-align:center">CREAM</td></tr>
<tr><td></td><td></td></tr>
<tr><td style="text-align:center">豆腐杏仁奶霜醬
➡ P.67</td><td style="text-align:center">豆奶醬
➡ P.60</td></tr>
</table>

FRUIT TARTLET

迷你水果派

尺寸迷你可愛的小派皮，最適合作成待客用的小點心！
可隨心意搭配任意奶霜醬或水果，自由不受限。

STEP
1

STEP
2

STEP
3

在無模型小派皮上擺放豆腐杏仁
奶霜醬，以湯匙背面推開，接著
放入烤箱以180℃烘烤20分鐘，
再置於網架上散熱。

把豆奶醬平均放上，推平。

奇異果片以菊花餅乾模型壓出花
紋（僅剝去外皮亦可），每塊水
果派上放2片即完成。

◯ 其他適合的 **CREAM**

取代豆腐杏仁奶霜醬
・ 無蛋杏仁奶霜醬（P.66）
・ 含蛋杏仁奶霜醬（P.66）

取代豆奶醬
・ 米穀粉卡士達醬（P.62）
・ 豆腐奶霜醬（原味、P.65）
・ 蜂蜜優格奶霜醬（P.72）
・ 起司奶霜醬（P.72）

基本麵糰 [5]

帕芙洛娃

發源自紐西蘭的帕芙洛娃，
是以蛋白糖霜直接烘烤而成的甜點，口感新穎。
表皮酥脆，內裡卻入口即化且濕潤綿密，不可思議。

直徑15cm的帕芙洛娃

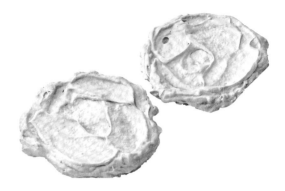

直徑12cm的帕芙洛娃

■ 材 料
（直徑15cm的帕芙洛娃1個分／
　直徑12cm的帕芙洛娃2個分）

蛋白 … 2個分

鹽 … 1小撮

甜菜糖 … 70g

香草油（vanilla oil） … 適量

檸檬汁 … 1小匙（5g）

玉米粉 … 1/2大匙（5g）

■ 準 備

○ 烤盤內鋪上烘焙紙。

○ 烤箱預熱至150℃。

製作巧克力口味的帕芙洛娃時，
先把烘焙用巧克力（甜）30g以隔
水加熱方式溶化備用，在STEP 3
「加入玉米粉再打發」的步驟後加
入，大致混合成大理石花紋即可。

※巧克力使用不含乳製品成分的產品。

STEP
1

STEP
2

STEP
3

調理盆裡倒入蛋白，先攪拌至顏色略泛白。加入鹽，繼續攪拌。接著將甜菜糖分成3次加入蛋白裡，最終打至硬性發泡，尖角挺立的蛋白糖霜。

加入香草油、檸檬汁，簡單混合即可。

加入玉米粉，繼續攪拌，確實打發。

烘烤

盡量讓每一片的厚度都相近。
重點是烘烤期間絕對不要打開烤箱門！

直徑15cm的帕芙洛娃

烤盤內鋪上烘焙紙，把蛋白糖霜推開成直徑15cm的圓形。放入烤箱以150℃烘烤20分鐘，再以130℃續烤80分鐘，之後直接留在烤箱內約1小時，直到帕芙洛娃完全冷卻即完成。

直徑12cm的帕芙洛娃

烤盤內鋪上烘焙紙，把蛋白糖霜分成2等分後，推開成直徑12cm的圓形。放入烤箱以150℃烘烤20分鐘，再以130℃續烤50分鐘，之後直接留在烤箱內約1小時，直到帕芙洛娃完全冷卻即完成。

MEMO／ 從出爐到保存

在室溫較高的時期（6月至8月），烤箱以130℃續烤時，增加烘烤時間20至30分鐘為佳。出爐後可和乾燥劑一起放入密封容器內保存（保存期限：陰涼處2天／不可冷凍）。

■ 材料 （1個分）

帕芙洛娃（P.54）… 直徑約15cm的帕芙洛娃1個
蜂蜜優格奶霜醬（P.72）… 約220g
綜合莓果醬（P.73）… 50g

CREAM & JAM

蜂蜜優格奶霜醬　　綜合莓果醬
→ P.72　　　　　→ P.73

PAVLOVA WITH MIXED BERRY JAM

帕芙洛娃佐綜合莓果醬

請大量使用自己喜歡的奶霜醬或果醬吧！
非常適合搭配帶有酸味的奶霜醬、果醬。

STEP 1	STEP 2	STEP 3

在帕芙洛娃表面放上蜂蜜優格奶霜醬。	以湯匙背面推開。	隨意淋上綜合莓果醬即完成。

☁ 其他適合的 CREAM

· 豆奶醬（P.60）
· 椰香水果奶霜醬（P.68）

■ 材 料 （2個分）

帕芙洛娃（巧克力口味、P.54）

　　… 直徑約12cm的帕芙洛娃2個

豆奶醬（P.60）… 約200g

新鮮無花果 … 2個

烘焙用巧克力（甜）… 20g

■ 準備

○ 無花果切成4等分。

○ 巧克力隔水加熱融化備用。

※巧克力使用不含乳製品成分的產品。

豆奶醬

➡ P.60

麵糰部分
含蛋　不含奶

CHOCOLATE PAVLOVA WITH FIG & CHOCOLATE SAUCE

巧克力帕芙洛娃佐無花果巧克力醬

在巧克力口味的帕芙洛娃表面，層疊上香氣濃郁的豆奶醬以及巧克力醬，並且放上新鮮無花果。
雖然甜度滿分，卻甜而不膩，口味成熟穩重。

STEP
1

STEP
2

STEP
3

帕芙洛娃表面放上豆奶醬，推開。

隨意擺上無花果。

淋上巧克力醬即完成。

☁ 其他適合的 **CREAM**

· 巧克力豆奶醬（P.61）

· 巧克力豆腐奶霜醬（P.65）

· 蜂蜜優格奶霜醬（P.72）

| 奶霜醬的作法 | 在此介紹各式奶霜醬的食譜配方。除了搭配書裡的無麩質點心以外，配上麵包或餅乾一起享用也非常好吃哦。 |

☁ SOY CREAM

豆奶醬
口感綿密香氣濃郁，卻不過於厚重！

保存	冷藏 4至5天
擠出	△
層疊	○
塗抹	○

■ 材料（完成後約420g）

天然豆奶 … 200g
米油 … 200g
甜菜糖 … 40g
檸檬汁 … 1/2大匙（7.5g）

(POINT)
● 使用圓形花嘴時，能擠出恰到好處的膨鬆感。
（若使用星形花嘴，想要擠出俐落的立體線條會較為困難）
● 置於冰箱冷藏一晚後，會更方便用於裝飾點綴。
● 使用之前，建議再以矽膠抹刀或湯匙略為攪拌。
（若用於塗抹或層疊，可以多攪拌一下，使質地更為柔軟綿密）

STEP 1	STEP 2	STEP 3

用食物調理機也OK!

調理盆裡放入所有材料，以手持式食物調理棒攪拌。

攪拌持續約1分鐘左右，直到調理盆內的材料確實呈現乳化狀、顏色變白。

以矽膠抹刀舀起時，質地呈現如上圖般濃稠的狀態，即為攪拌完成。

CREAM VARIATION

ARRANGE CREAM

不含蛋 ｜ 不含奶

不含蛋 ｜ 不含奶

不含蛋 ｜ 不含奶

巧克力豆奶醬

在左頁的材料裡，加入可可粉（不含乳製品成分）40g。完成後的奶霜醬質地濃度和豆奶醬相同。

覆盆子豆奶醬

在左頁的材料裡，加入覆盆子粉5g。完成後的奶霜醬質地濃度和豆奶醬相同。

抹茶豆奶醬

在左頁的材料裡，加入抹茶粉5g。完成後的奶霜醬質地濃度和豆奶醬相同。

米穀粉卡士達醬

有著濃濃的雞蛋香氣！甜而不膩。

保存	當天
擠出	○
層疊	○
塗抹	○

CREAM VARIATION

■ **材料**（完成後約430g）

天然豆奶 … 300g
蛋黃 … 3個
甜菜糖 … 70g
米穀粉 … 20g
香草莢 … 1/3根
米油 … 1大匙（12g）

■ **準備**

香草莢縱向剖開，取出中間的香草籽。

(POINT)

- 由於在本書中米穀粉卡士達醬多為單獨使用，不和其他奶霜醬混合，因此配方也調整為比普通的卡士達醬略為柔軟的比例。

- 不喜歡甜味太明顯的人，可以把甜菜糖再減少10g。

- 使用時，請以矽膠抹刀輕柔地舀取。

- 步驟3加入米油後，若是再過濾一次，口感將會更加滑順綿密。

- 把香草莢連同香草籽一起加入，香氣將更為明顯（之後過濾時取出香草莢）。

- 可以同等分量的牛奶替代天然豆奶製作。

- 若沒有香草籽，也可改用適量的香草油。

STEP
1

調理盆裡放入蛋黃，以打蛋器打散，加入甜菜糖持續攪拌，直到顏色變淡偏白。再加入米穀粉，輕輕拌勻。

STEP
2

小鍋裡放入天然豆奶、香草莢及香草籽，點火加熱直到即將煮沸。接著慢慢倒入步驟1的調理盆裡，同時攪拌均勻，再以濾網過濾倒回小鍋內。

STEP
3

以中火加熱小鍋，同時以矽膠抹刀不間斷地混合。直到鍋內質地呈現黏稠感、從鍋底開始冒出氣泡後，即可熄火移開火源（卡士達醬出現光澤感、以矽膠抹刀舀起後會滑順地垂落即可）。加入米油攪拌均勻後，快速冷卻（冷卻方法請參照P.74）即完成。

CREAM VARIATION

[以微波爐製作]

STEP
1

取耐熱容器放入蛋黃後打散，加入甜菜糖持續攪拌，直到顏色變淡偏白。再加入米穀粉輕輕拌勻，然後慢慢倒入天然豆奶，混合拌勻。接著加入香草籽。

STEP
2

容器不蓋保鮮膜，直接以600W的微波爐加熱4分30秒。取出後立刻以打蛋器快速拌勻。

STEP
3

再次加熱1分鐘，取出後拌勻。再加熱1分鐘，然後馬上倒入米油混合拌勻，之後快速冷卻即完成。

ARRANGE CREAM

含蛋　不含奶

米穀粉卡士達豆奶醬

將米穀粉卡士達醬和豆奶醬（P.60）以3：1的比例混合。最終完成後的質地為使用圓形花嘴時，能擠出恰到好處的膨鬆感即可（若使用星形花嘴，想要擠出俐落的立體線條較為困難）。

☁ **RASPBERRY TOFU CREAM**

保存	冷藏 3天內
擠出	○
層疊	○
塗抹	○

覆盆子豆腐奶霜醬

能襯托出豆腐溫潤的香氣，健康無負擔的奶霜醬。

■ 材 料（完成後約300g）

嫩豆腐 … 300g

甜菜糖 … 40g

覆盆子粉 … 8g

米油 … 2大匙（24g）

檸檬汁 … 1小匙（5g）

(POINT)

- 使用前，以矽膠抹刀或湯匙稍微拌勻再使用（因為製作完成經保存後，會油水分離）。

- 如果過度攪拌，使質地變得過於滑順，會不利於擠出成形，請多注意。

- 用於塗抹或層疊時，則可攪拌至柔軟滑順的程度。

CREAM VARIATION

STEP 1

取一小鍋水煮沸後，放入一整塊嫩豆腐，以弱中火加熱5分鐘後取出。以2張廚房紙巾層疊包住豆腐，壓上重石，靜置10分鐘左右瀝去水分（重量變成200至220g即可）。

STEP 2

調理盆裡放入步驟1的嫩豆腐以及其他的材料。

STEP 3

ミキサーでもOK！

以手持式食物調理棒攪拌1分鐘左右，直到質地變得柔軟滑順即完成。

CREAM VARIATION

--- ARRANGE CREAM ---

不含蛋 ┊ 不含奶

豆腐奶霜醬（原味）

甜菜糖從40g減為30g，不加覆盆子粉。完成後的質地和覆盆子豆腐奶霜醬相同。

不含蛋 ┊ 不含奶

巧克力豆腐奶霜醬

以可可粉（不含乳製品成分）10g取代覆盆子粉。完成後的質地和覆盆子豆腐奶霜醬相同。

不含蛋 ┊ 不含奶

抹茶豆腐奶霜醬

以抹茶粉5g取代覆盆子粉。完成後的質地和覆盆子豆腐奶霜醬相同。

咖啡豆腐奶霜醬

以即溶咖啡粉5g取代覆盆子粉。完成後的質地為使用圓形花嘴時，能擠出恰到好處的膨鬆感即可（若使用星形花嘴，想要擠出俐落的立體線條會較為困難）。

不含蛋 ┊ 不含奶

黑芝麻豆腐奶霜醬

以黑芝麻醬30g取代覆盆子粉，甜菜糖從40g減為30g，不加米油。完成後的質地和覆盆子豆腐奶霜醬相同。

不含蛋 ┊ 不含奶

☁ EGGLESS ALMOND CREAM

保存	冷藏 2天內	冷凍 2週內

無蛋杏仁奶霜醬
迷人的杏仁風味令人難以抗拒，烘烤過後口感滋潤彈牙！

完成後還不能食用。鋪在無模型派皮（P.48）上推平後，以預熱至180℃的烤箱烘烤20分鐘左右後即可享用。

■ 材 料
（完成後約80g、直徑18cm的派皮1個分）

A 甜菜糖 … 20g
楓糖漿 … 10g
水 … 10g
米油 … 20g
B 杏仁粉 … 30g
米穀粉 … 10g

POINT

- 以保鮮膜包起，裝入保鮮袋內保存。
- 使用之前，先倒入調理盆或容器內，以矽膠抹刀或湯匙再次混合成柔軟滑順的狀態。

STEP 1

調理盆裡放入**A**料，以打蛋器仔細攪拌均勻。倒入米油，再次攪拌均勻。

STEP 2

混合**B**料，過篩加入。

STEP 3

換成矽膠抹刀，仔細混合拌勻。

ARRANGE CREAM

含蛋　不含奶

含蛋杏仁奶霜醬
（成品約130g）

調理盆裡放入1/2個雞蛋，打散後加入25g天然豆奶、25g甜菜糖，以打蛋器磨擦盆底攪拌均勻。過篩加入50g杏仁粉，改以矽膠抹刀攪拌混合均勻即完成。

CREAM VARIATION

☁ TOFU ALMOND CREAM

豆腐杏仁奶霜醬

以豆腐入餡，健康滿分。烘烤過後膨鬆有彈性！

保存	冷藏 2天內	冷凍 10天內

完成後不能直接食用。鋪在無模型派皮（P.48）上推開，放入預熱至180℃的烤箱烘烤20分鐘左右後即可享用。

■ 材料
（完成後約100g、直徑18cm的派皮1個分）

嫩豆腐 … 50g
杏仁粉 … 40g
米穀粉 … 10g
楓糖漿 … 30g

(POINT)

● 以保鮮膜包起，裝入保鮮袋內保存。

● 使用之前，先倒入調理盆或容器內，以矽膠抹刀或湯匙再次混合成柔軟滑順的狀態。

CREAM VARIATION

STEP 1

以廚房紙巾2張層疊後包住嫩豆腐，壓上重石，等待10分鐘左右瀝去水分（瀝完水分後重量約為45g）。

STEP 2

調理盆裡放入步驟1以及其他材料。

STEP 3

使用電動攪拌器也OK！

以手持式食物調理棒攪拌1分鐘左右，直到質地變得柔軟滑順即完成。

☁ COCONUT FRUIT CREAM

椰香水果奶霜醬

充滿果香滋味的濃郁奶霜醬。

保存	冷藏 3 天內
擠出	✕
層疊	✕
塗抹	△

CREAM VARIATION

■ 材料 （完成後約160g）

水果（草莓、香蕉等等）
　… 果肉100g
甜菜糖 … 1大匙（12g）
檸檬汁 … 1/2大匙（7.5g）
椰子油（無氣味）… 50g

■ 準備

若椰子油凝成固態，隔水加熱融化成液狀後備用。

（ POINT ）

● 質地相當濃稠的奶霜醬。可以當成沾醬使用，也適合像英式乳脂鬆糕（trifle）一樣，倒入容器裡層疊。

BASIC COCONUT OIL CREAM

椰子油 奶霜醬

不含蛋 ｜ 不含奶

保存	冷藏 1 週內
擠出	○
層疊	○
塗抹	○

■ 材料
（完成後約180g）

甜菜糖 … 30g
天然豆奶 … 50g
椰子油（無氣味）
　… 100g

■ 作法

依照左方的食譜作法，以豆奶替代水果和檸檬汁，攪拌成乳霜狀。只要徹底乳化，就能完成顏色乳白、質地輕盈好挖取的奶霜醬。

（ POINT ）

● 若冷藏會變硬，請在室溫下使用。

● 如果要使用經過冷藏保存過後的成品，從冰箱取出後先隔水加熱融化，再以 **STEP 3** 的作法調整質地的軟硬度。

STEP 1	STEP 2	STEP 3
	使用電動攪拌器也OK！ 	
調理盆裡放入所有材料（此處使用的水果是草莓）。	以手持式食物調理棒攪拌至柔軟滑順。	將調理盆底部浸入冰水，以打蛋器持續攪拌，直到顏色變淡偏白。待質地開始變硬後，從冰水中移開，繼續攪拌直到全完乳化、光滑柔軟即完成。

☁ **COCONUT DRIED FRUIT CREAM**

保存	冷藏 4 天內
擠出	✕
層疊	○
塗抹	○

椰香果乾奶霜醬

香濃又有飽足感！

■ **材料**（完成後約330g）

椰子奶油（Coconut Cream）… 200g

甜菜糖 … 30g

水果乾（芒果乾、
　　蔓越莓、葡萄乾、鳳梨乾等）… 50g

(POINT)

● 使用前以矽膠抹刀或湯匙稍
　微攪拌一下。

CREAM VARIATION

STEP 1

選擇喜歡的水果乾，切成
容易入口的大小（此處使
用芒果乾）。

STEP 2

在椰子奶油裡加入甜菜糖
後混勻，再加入芒果乾，
混合拌勻。

STEP 3

裝入保存用的容器內，送
入冰箱冷藏一晚即完成。

☁ **SWEET POTATO CREAM**

保存	冷藏 4天內	冷凍 2週內
擠出	○	
層疊	○	
塗抹	○	

甘薯奶霜醬

直接感受蔬菜的天然香甜！

■ 材料（完成後約380g）

甘薯（去皮）… 淨重300g

天然豆奶 … 50g

蜂蜜 … 50g

（POINT）

● 以保鮮膜包起，裝入保鮮袋內保存。

● 使用之前，先倒入調理盆或容器內，以矽膠抹刀或湯匙再次混合成柔軟滑順的狀態。

CREAM VARIATION

STEP
1

甘薯去皮後切成一口大小，浸泡在水中5分鐘左右，接著瀝乾水分。

STEP
2

以熱水煮至竹籤可輕易穿透的程度後，放在篩網上備用。

STEP
3

使用電動攪拌器也OK！

調理盆裡放入步驟2的甘薯以及其他所有材料，以手持式食物調理棒攪拌均勻即完成（或是以篩網瀝去水分後，下壓過濾成泥狀，再和豆奶及蜂蜜混合也OK）。

ARRANGE CREAM

不含蛋 ｜ 不含奶

紫芋奶霜醬

把甘薯換成同等分量的紫芋即可。完成後的質地跟甘薯奶霜醬相同。

MAPLE PUMPKIN CREAM

楓糖南瓜奶霜醬

南瓜口味的楓糖奶霜醬。

保存	冷藏 4天內	冷凍 2週內
擠出	○	
層疊	○	
塗抹	○	

CREAM VARIATION

■ 材料（完成後約280g）

南瓜（去皮去蒂）… 淨重250g

楓糖漿 … 30g

米油 … 15g

天然豆奶 … 10至30g

(POINT)

- 以保鮮膜包起，裝入保鮮袋內保存。
- 使用之前，先倒入調理盆或容器內，以矽膠抹刀或湯匙再次混合成柔軟滑順的狀態。

STEP 1

南瓜切成一口大小，快速泡一下水後裝入耐熱容器裡，以保鮮膜寬鬆地覆蓋後，放入600W的微波爐加熱5分鐘。

STEP 2

使用電動攪拌器也OK！

取出後趁熱加入楓糖漿及米油，以手持式食物調理棒攪拌成柔軟滑順狀（也可以使用濾網過篩成泥狀，再和楓糖漿及米油混合）。

STEP 3

慢慢倒入天然豆奶，以矽膠抹刀一邊攪拌，調整質地濃度即完成。

☁ HONEY YOGURT CREAM

蜂蜜優格奶霜醬

口感濃郁但後味清爽不膩！

保存	冷藏 4天內
擠出	✕
層疊	○
塗抹	○

■ 材 料 （完成後約220g）

原味優格 … 400g
蜂蜜 … 15g

■ 作 法

1 製作水切優格：調理盆裡放入篩網，裡面放入2張重疊的厚廚房紙巾，倒入原味優格後，以紙巾包起。

2 以保鮮膜覆蓋，放入冰箱靜置一晚（瀝水至優格重量為200g左右）。

3 調理盆裡放入水切優格、蜂蜜，混合拌勻即完成。

(POINT)
● 使用之前再以矽膠抹刀或湯匙輕拌一下。

☁ CHEESE CREAM

起司奶霜醬

香濃且勁道十足的奶霜醬。

保存	冷藏 4天內	冷凍 2週內
擠出		○
層疊		○
塗抹		○

■ 材 料 （完成後約210g）

奶油起司 … 200g
甜菜糖 … 40g
牛奶 … 10g

■ 作 法

1 奶油起司回至室溫軟化。

2 調理盆裡放入奶油起司，持續攪拌至質地柔滑後，加入甜菜糖混合均勻。

3 慢慢加入牛奶，混合均勻即完成。

(POINT)
● 使用之前以矽膠抹刀或湯匙再次攪拌成柔滑質地。

☁ SOY CHEESE CREAM

保存	冷藏 3至4天內
擠出	✕
層疊	○
塗抹	○

起司風味豆奶醬

味道就跟真的起司一樣！

■ 材料（完成後約170g）

A 天然豆奶 … 400g
　檸檬汁 … 2大匙（30g）
　鹽 … 2小匙（10g）
蜂蜜 … 20g

■ 作法

1 於保鮮容器內放入**A**料混合均勻，以保鮮膜加蓋後放入冰箱靜置1小時。

2 調理盆裡放入篩網，放上2張重疊的廚房紙巾，倒入步驟**1**的材料，以紙巾包起。壓上重石後送回冰箱冷藏一晚，瀝去水分（完成後重量約170g）。

3 步驟**2**的材料裡加入蜂蜜後混合拌勻即完成。

POINT

• 使用時再以矽膠抹刀或湯匙大略拌勻（因為經過冷藏保存後，可能會出現油水分離的情況）。

CREAM VARIATION

● SAUCE & JAM

配醬 & 果醬

無論搭配甜點本身
或奶霜醬都很適合！

保存	擠出	✕
冷藏 2週內	層疊	△
	塗抹	○

焦糖醬

藍莓果醬

綜合莓果醬

焦糖醬的材料及作法

（成品約80g）

小鍋裡放入甜菜糖60g及水10g，開中火加熱直到鍋內的材料焦化，呈現焦糖色。加入豆奶40g，慢慢攪拌煮至濃稠有黏性即完成。

藍莓果醬的材料及作法

（成品約100g）

耐熱容器裡放入藍莓（冷凍）100g、甜菜糖40g、檸檬汁1/2小匙（2.5g），不加蓋直接放入600W的微波爐，加熱3分鐘。取出後略為攪拌，再次以600W微波爐加熱3分鐘即完成。

綜合莓果醬的材料及作法

（成品約100g）

耐熱容器裡放入綜合莓果（冷凍）100g、甜菜糖40g、檸檬汁1/2小匙（2.5g），不加蓋直接放入600W的微波爐，加熱3分鐘。取出後略為攪拌，再次以600W微波爐加熱3分鐘即完成。

使 麵糰 及 奶霜醬
美味更上層樓的小技巧

以下為製作麵糰或奶霜醬時，可以搭配活用的一些小技巧、保存重點，以及建議的食用方式。

卡士達醬 快速冷卻

製作卡士達醬時，除了要注意避免燒焦外，也要確保加熱徹底才是美味的關鍵。此外，成品完成後若立即快速冷卻，也可以避免細菌增生。把卡士達醬裝入烤盤內，盆底接觸冰水，以保鮮膜加蓋後再於上方蓋上保冷劑為佳。

奶霜醬裝入保鮮容器內保存

預計當天食用的奶霜醬，以保鮮容器裝好後放入冰箱保存。需要時直接取出，以湯匙舀取需要的分量。記得每次使用前都要取乾淨的湯匙哦！

奶霜醬冷凍保存 平放後

可以冷凍保存的奶霜醬類，先裝入保鮮袋再放入烤盤內，以平放的方式放入冷凍庫。使用前一晚再移至冰箱冷藏室，以自然的方式解凍最為好吃。

奶霜醬使用前再次攪拌

奶霜醬經過保存後再使用，會有油水分離的情況產生，所以使用前請重新攪拌混合過。但若攪拌過度質地又會變得太鬆軟，用在配料或塗抹上問題不大，但若需要擠出使用，在重新攪拌時要特別注意質地的變化。

冷凍烤好的麵糰時要密封處理

需要把烤好的麵糰冷凍保存時，先以保鮮膜仔細包好後，再裝入保鮮袋內密封起來，放入冷凍庫保存，就能維持點心的美味。最好先切成容易入口的大小，或是盡量拆成小分量保存。

建議自然解凍重新烘烤也可以

解凍作為基底用的麵糰時，自然解凍是最好的。溫熱食用也很適合的司康或馬芬蛋糕，可以先放進烤箱或吐司機稍微加熱，美味更加分。由於水分一定會蒸發，加熱前可以先噴一些水霧。

椰子油奶霜醬需要調整質地硬度

加了椰子油的奶霜醬，隨著季節變化質地會有相當大的差距。如果凝固變硬，使用前先以隔水加熱方式融化，再以冰水降溫就能調整出喜歡的軟硬度。

剩下的麵糰和奶霜醬可以作成英式乳脂鬆糕（trifle）！

只要把麵糰和奶霜醬相互交疊，就是一道有模有樣的玻璃杯甜點！只要把剩下的麵糰及奶霜醬，以冷凍或冷藏的方式保存起來，突然有客人到訪時馬上就能端出待客用的點心來。

作成生日蛋糕！

只要加上蠟燭，就變身成生日蛋糕！如圖利用小巧的杯子蛋糕，就能完成沒有多餘裝飾的可愛生日蛋糕。

BAKED SWEETS

3 STEP   1 BOWL

PART 2

送進烤箱就搞定的
安心甜點

CAKE   DONUT

MUFFIN

SCONE   COOKIES...

PART2要介紹的，是只要烘烤即大功告成的甜點。主要利用烤

箱，不過也有使用平底鍋的可麗餅跟油炸甜甜圈。還有更多加

入蔬菜的健康甜點！加不加奶霜醬都一樣好吃，請隨個人喜好

調配吧！

CARROT CAKE

胡蘿蔔蛋糕

含有大量胡蘿蔔絲，
口感扎實的香料蛋糕！
搭配微酸的起司奶霜醬最對味。

CREAM

起司奶霜醬
➡ P.72

■ 材料　（直徑15cm的圓形1個分）

A 天然豆奶 … 100g
　 甜菜糖 … 70g
　 檸檬汁 … 1小匙（5g）
　 鹽 … 1小撮
椰子油 … 30g
米油 … 30g
B 米穀粉 … 100g
　 杏仁粉 … 50g
　 肉桂粉 … 1小匙（2.5g）
　 肉豆蔻粉 … 少許（可省略）
　 丁香粉 … 少許（可省略）
胡蘿蔔 … 150g
葡萄乾 … 40g
核桃（烘烤過）… 20g
泡打粉 … 1大匙（12g）
起司奶霜醬（P.72）… 適量

■ 作法

STEP 1　從冰箱取出**A**料，以打蛋器仔細混合拌勻。慢慢加入椰子油、米油，一邊混合均勻，確實乳化。

STEP 2　加入事先混合過篩的**B**料，以打蛋器攪拌至整體柔軟滑順。

STEP 3　加入胡蘿蔔、葡萄乾、核桃，以矽膠抹刀大略拌勻，接著過篩加入泡打粉，快速拌勻。

烘烤　倒入模型裡，放入烤箱先以200℃烘烤20分鐘，再以180℃續烤40分鐘。以竹籤輕刺，抽出時沒有沾黏任何麵糊就表示OK！

裝飾　不須脫模直接放涼，散熱至不燙手的程度後再取下模型。依個人喜好塗抹適量的起司奶霜醬即完成。

■ 準備

○ 將**A**料放入調理盆內後，放入冰箱冷藏30分鐘。

○ 胡蘿蔔削皮後切成細絲，準備需要的分量。

○ 核桃大略切碎，椰子油隔水加熱融化備用。

○ 模型內鋪好烘焙紙，烤箱預熱至200℃。

☁ 其他適合的 **CREAM**
· 豆奶醬（P.60）
· 蜂蜜優格奶霜醬（P.72）

BANANA CAKE

香蕉蛋糕

因為有著分量十足的香蕉果肉，所以口感滋潤的磅蛋糕。
加了椰子油及米油，
一定要徹底乳化才是美味好吃的關鍵！

CREAM

豆奶醬
➔ P.60

■ 材料 （18cm×8cm×高6cm的磅蛋糕模型1個分）

A 天然豆奶 … 100g
 甜菜糖 … 50g
 檸檬汁 … 1小匙（5g）
 鹽 … 1小撮
椰子油 … 30g
米油 … 30g
香蕉（去皮）… 淨重200g
巧克力碎片 … 30g
B 米穀粉 … 100g
 杏仁粉 … 50g
泡打粉 … 1大匙（12g）
豆奶醬（P.60）… 適量

※巧克力碎片使用不含乳製品成分的產品。

■ 作法

STEP
1
從冰箱取出**A**料，以打蛋器仔細混合拌勻。慢慢加入椰子油、米油，同時混合均勻，確實乳化。

STEP
2
加入香蕉、巧克力碎片，繼續攪拌均勻。

STEP
3
加入事先混合過篩的**B**料，以打蛋器攪拌至整體柔軟滑順。接著過篩加入泡打粉，快速拌勻。

烘烤
倒入模型裡，先以200℃烤箱烘烤20分鐘，再降溫至180℃後續烤20分鐘。以竹籤輕刺，抽出時沒有沾黏任何麵糊表示OK！

裝飾
不脫模直接放涼，散熱至不燙手的程度後取下模型。依個人喜好塗抹適量的豆奶醬即完成。

■ 準備

○ **A**料裝入調理盆裡，放入冰箱冷藏降溫。

○ 香蕉壓碎，椰子油隔水加熱融化備用。

○ 模型內鋪好烘焙紙，烤箱以200℃預熱備用。

◯ 其他適合的**CREAM**

· 巧克力豆奶醬（P.61）
· 蜂蜜優格奶霜醬（P.72）
· 起司奶霜醬（P.72）

YAM & TOFU CHOCOLATE CAKE

山藥豆腐巧克力蛋糕

不使用雞蛋，而以山藥結合所有食材的巧克力蛋糕。
口感濕潤彈牙，扎實又濃郁的好滋味。

CREAM

豆腐奶霜醬
（原味）
➡ P.65

■ 材料 （直徑15cm的圓形活動底模型1個分）

A 烘焙用巧克力（甜）… 200g
│ 米油 … 30g
甜菜糖 … 100g
山藥（磨成泥）… 100g
嫩豆腐 … 150g
天然豆奶 … 50g
B 米穀粉 … 20g
│ 可可粉 … 20g
│ 泡打粉 … 2小匙（8g）
豆腐奶霜醬（原味、P.65）… 適量

※巧克力、可可粉，皆使用不含乳製品成分的產品。

■ 準備

○ 巧克力切碎。

○ 烤箱以180℃預熱備用。

■ 作法

STEP 1　調理盆裡裝入**A**料後，隔水加熱至巧克力溶化，移開熱水。加入甜菜糖，以打蛋器攪拌混合。

STEP 2　慢慢加入山藥泥同時磨擦盆底攪拌，再加入嫩豆腐、天然豆奶，整體攪拌直到變得柔軟滑順為止。

STEP 3　加入混合好過篩的**B**料，全部拌勻。

烘烤　倒入模型裡，以180℃烤箱烘烤30至40分鐘。以竹籤輕刺，抽出時沒有沾黏任何麵糰表示OK！

裝飾　不須脫模直接放涼，如果能夠放入冰箱靜置一晚後再脫模更佳。食用前先回至室溫，依個人喜好塗抹適量的豆腐奶霜醬即完成。

○ 其他適合的**CREAM**

· 豆奶醬（P.60）
· 巧克力豆奶醬（P.61）
· 巧克力豆腐奶霜醬（P.65）

甜甜圈

➡ 作法P.84

甘薯甜甜圈

RING DONUT

甜甜圈

以米穀粉和豆腐作成的健康甜甜圈！
把麵糰調整成較柔軟的質地，擠出成圓圈狀。

CREAM

豆奶醬
➜ P.60

■ 材料 （8個分）

雞蛋 … 1個

嫩豆腐 … 50g

甜菜糖 … 50g

鹽 … 1小撮

A 米穀粉 … 120g

　杏仁粉 … 40g

　泡打粉 … 1/2大匙（6g）

油炸用油 … 適量

豆奶醬（P.60）… 適量

■ 準備

○ 8張剪裁成9cm正方形的烘焙紙。

■ 作法

STEP 1　調理盆裡打入雞蛋後打散，加入嫩豆腐、甜菜糖、鹽，以打蛋器攪拌混合。

STEP 2　加入事先混合過篩的**A**料，以打蛋器拌勻。如果質地太硬可少量加入水（分量外），調整成舀起時會黏稠垂落的質地即可。

STEP 3　將麵糰填入裝有圓形花嘴的擠花袋內，在烘焙紙上擠出直徑7至8cm的圓圈狀，麵糰連接處以手指輕壓使圓圈接合。總共製作8個。

油炸　將油溫熱至170℃，連同烘焙紙一起緩緩地入鍋油炸，中途若烘焙紙掉落，取出烘焙紙即可。偶爾上下翻面，油炸5分鐘左右。起鍋後瀝去油分。

裝飾　甜甜圈散熱至不燙手的程度後，依喜好塗上奶霜醬，再灑上事先削好的烘焙用巧克力片（甜味，分量外）即完成。

☁ 其他適合的**CREAM**

・ 巧克力豆奶醬（P.61）

・ 覆盆子豆奶醬（P.61）

・ 抹茶豆奶醬（P.61）

・ 起司奶霜醬（P.72）

油炸

SWEET POTATO DONUT

甘薯甜甜圈

胖嘟嘟圓滾滾的甜甜圈，
以沖繩甜點「炸砂糖」的造形風格呈現。

CREAM

甘薯奶霜醬
➜ P.70

■ 材料 （10個分）

甘薯（去皮）… 塊根100g

甜菜糖 … 50g

鹽 … 1小撮

天然豆奶 … 100g

A 米穀粉 … 100g
　 杏仁粉 … 30g
　 泡打粉 … 1/2大匙（6g）

油炸用油 … 適量

甘薯奶霜醬（P.70）… 適量

■ 作法

STEP 1
甘薯切成一口大小，放入鍋內加水（分量外，高度超過甘薯）後煮沸。煮至以竹籤輕刺能穿透後，即可撈起置於篩網上，接著下壓過濾成泥狀。

STEP 2
加入甜菜糖、鹽後混合均勻，再慢慢少量加入天然豆奶，同時混合拌勻。

STEP 3
加入混合好後過篩的**A**料，攪拌至整體均勻滑順。

油炸
取兩個大湯匙把麵糊調整成圓球狀，緩緩放入油溫170℃的熱油鍋內。偶爾翻轉一下，油炸5分鐘左右。起鍋後瀝去油分。

裝飾
隨喜好配上適量的甘薯奶霜醬即完成。

○ 其他適合的 **CREAM**

・ 豆腐奶霜醬（原味、P.65）
・ 黑芝麻豆腐奶霜醬（P.65）
・ 蜂蜜優格奶霜醬（P.72）

油炸

PINEAPPLE CARDAMOM MUFFIN

鳳梨小豆蔻馬芬

不使用雞蛋，口感柔軟且彈牙。
風味以在印度香料奶茶中相當受歡迎的小豆蔻作為主軸！

■ 材料　（直徑7cm的馬芬模型6個分）

A 天然豆奶 … 100g

　小豆蔻糖漿（作法參照下方）… 60g

　檸檬汁 … 1小匙（5g）

椰子油 … 30g

米油 … 30g

B 米穀粉 … 90g

　大豆粉 … 40g

泡打粉 … 1大匙（12g）

鳳梨（罐頭、切成1cm立方狀）… 50g

※小豆蔻糖漿…將3顆小豆蔻（完整顆粒）輕輕敲開，外殼有裂縫後和甜菜糖40g、水60g一起裝入小鍋內，小火加熱，煮沸後熄火放涼，再以濾網過濾出60g備用。

■ 作法

STEP 1　從冰箱取出**A**料，以打蛋器仔細攪拌均勻。慢慢少量加入椰子油、米油，同時混合均勻徹底乳化。

STEP 2　過篩加入已經混合好的**B**料，以打蛋器持續攪拌，直到整體光滑柔順。

STEP 3　過篩加入泡打粉，以打蛋器快速拌勻。

烘烤　先在模型裡平均倒入一半分量的麵糊，然後放入一半分量的鳳梨。再倒入剩下的麵糊後，放入剩下的鳳梨。先放入烤箱以180℃烘烤20分鐘後，再以160℃續烤10分鐘。以竹籤輕刺，若抽出時無沾黏任何麵糊即完成。

■ 準備

○ **A**料裝入調理盆裡，放入冰箱冷藏約30分鐘。

○ 椰子油隔水加熱融化備用。

○ 模型裡放入紙杯模，烤箱預熱至180℃。

CREAM

豆腐奶霜醬
（原味）
➡ P.65

豆奶醬
➡ P.60

APPLE CRANBERRY MUFFIN
蘋果蔓越莓馬芬
酸酸甜甜的滋味正是美味的關鍵！

■ 材料 （直徑7cm的馬芬形6個分）

A〔蘋果汁100g　甜菜糖30g〕

椰子油、米油 … 各30g

B〔米穀粉90g　大豆粉40g〕

泡打粉 … 1大匙（12g）

〔蘋果1/4個　蔓越莓乾30g　甜菜糖20g
　檸檬汁1小匙（5g）〕

豆腐奶霜醬（原味、P.65）… 適量

■ 準備 & 作法

蘋果連皮切成1cm丁狀，加入蔓越莓乾、甜菜糖20g、檸檬汁，以600W的微波爐加熱2分鐘後，放涼至不燙手的程度備用。以鳳梨小豆蔻馬芬（見前頁）的準備方法、**STEP 1**至**3**的步驟要領製作麵糊。

BLUEBERRY MAPLE MUFFIN
藍莓楓糖馬芬
也可以改用喜歡的任何水果替代哦！

■ 材料 （直徑7cm的馬芬模型6個分）

A〔天然豆奶100g　楓糖漿60g

檸檬汁1小匙（5g）　香草油少許（可省略）〕

椰子油、米油 … 各30g

B〔米穀粉90g　大豆粉40g〕

泡打粉 … 1大匙（12g）

藍莓（冷凍）… 30顆

豆奶醬（P.60）… 適量

■ 準備 & 作法

以鳳梨小豆蔻馬芬（見前頁）的準備方法、**STEP 1**至**3**的步驟要領製作麵糊。

烘烤　以鳳梨小豆蔻馬芬（見前頁）的要領，把麵糊倒入模型內，加入各自需要的材料後烘烤。

裝飾　出爐散熱至不燙手的程度後，可依喜好分別在馬芬上塗抹適量的豆腐奶霜醬及豆奶醬（或以圓形花嘴擠出亦可）即完成。

LEMON MUFFIN
檸檬馬芬

檸檬汁&檸檬皮一起派上用場，
百分百的檸檬原汁原味！
加入雞蛋，完成這道口感略為鬆軟的馬芬蛋糕。

■ 材料 （直徑7cm的馬芬模型6個分）

雞蛋 … 2個

甜菜糖 … 50g

米油 … 50g

A 米穀粉 … 100g

　　杏仁粉 … 30g

　　泡打粉 … 1小匙（4g）

檸檬汁 … 1大匙（15g）

檸檬皮（糖漬）… 30g

檸檬糖霜（作法參照下方）… 適量

※檸檬糖霜…檸檬汁1/2大匙（7.5g）慢慢加入甜菜
　糖50g中，混合均勻。

■ 準備

○ 模型裡放入紙杯模，烤箱以180℃
　預熱。

■ 作法

STEP 1　調理盆裡打入雞蛋，以打蛋器攪拌打散。加入甜菜糖混合均勻。待質地變得濃稠有黏性後，加入米油，全部拌勻。

STEP 2　過篩加入事先混合好的**A**料，攪拌混合至整體柔滑均勻。

STEP 3　接著加入檸檬汁、檸檬皮，並以矽膠抹刀整體拌勻。

烘烤　麵糊等分倒入模型內，放入烤箱以180℃烘烤20分鐘。取竹籤輕刺，若抽出時無沾取麵糊表示OK！

裝飾　馬芬出爐後散熱至不燙手的程度，淋上檸檬糖霜即完成。也可灑上適量的檸檬皮（分量外）。

CREAM

抹茶豆腐
奶霜醬
→ P.65

巧克力豆腐
奶霜醬
→ P.65

MATCHA BLACK BEANS MUFFIN

抹茶黑豆馬芬

依喜好放上滿滿抹茶奶霜醬！

CHOCOLATE CHIP MUFFIN

巧克力豆馬芬

經典馬芬加上巧克力奶霜醬，滋味濃厚！

■ 材料　（直徑7cm的馬芬形6個分）

雞蛋 … 2個
甜菜糖、米油 … 各50g
A〔米穀粉95g　杏仁粉30g
抹茶粉5g　泡打粉1小匙（4g）〕
糖煮黑豆（市售成品）… 30個
抹茶豆腐奶霜醬（P.65）… 適量

■ 準備 & 作法

以檸檬馬芬（見前頁）的準備方法、**STEP 1**
至3的要領製作馬芬麵糰（糖煮黑豆預留一些
作為裝飾用，剩下的取代檸檬汁、檸檬皮使
用）。

■ 材料　（直徑7cm的馬芬模型6個分）

雞蛋 … 2個
甜菜糖、米油 … 各50g
A〔米穀粉100g　杏仁粉30g
泡打粉1小匙（4g）〕
巧克力豆 … 30g
巧克力豆腐奶霜醬（P.65）… 適量

※巧克力豆使用不含乳製品成分的商品。

■ 準備 & 作法

以檸檬馬芬（見前頁）的準備方法、**STEP 1至3**
的要領製作馬芬麵糰（巧克力豆取代檸檬汁、檸
檬皮使用）。

| 烘烤 | 以檸檬馬芬（見前頁）的要領，把麵糰倒入模型內後烘烤（抹茶黑豆馬芬加上裝飾用的糖煮黑豆）。 |
| 裝飾 | 馬芬出爐後散熱至不燙手的程度即完成，可依喜好分別塗上適量的抹茶豆腐奶霜醬、巧克力豆腐奶霜醬。 |

草莓開心果
水果條

核桃無花果
水果條

FIG & WALNUT BAR

核桃無花果水果條

混合了水果乾&堅果的長條型餅乾。
也很適合當成忙碌時的早餐，營養滿點！

CREAM

椰香水果奶霜醬
➡ P68

■ 材料 （10cm × 1.5cm的長條餅乾10根分）

A 原味優格 … 100g
| 蜂蜜 … 30g
椰子油 … 30g
無花果乾 … 100g
核桃（烘烤過）… 30g
B 米穀粉 … 20g
| 大豆粉 … 50g
| 泡打粉 … 1小匙（4g）
椰香水果奶霜醬（P.68）… 適量

■ 準備

○ 烤盤內鋪上烘焙紙。
○ 椰子油隔水加熱融化備用。
○ 無花果乾、核桃略為切碎。

■ 作法

STEP 1　調理盆裡放入**A**料後以打蛋器仔細混勻，質地變得黏稠後加入椰子油，全部攪拌均勻。

STEP 2　加入無花果乾、核桃，以矽膠抹刀混合拌勻。

STEP 3　過篩加入事先混合好的**B**料，以矽膠抹刀整體攪拌混合均勻。以保鮮膜包覆，整形成12cm×17cm大小（厚度為1cm），放入冰箱冷藏約30分鐘。烤箱以180℃開始預熱。

烘烤　取下保鮮膜放入烤盤內，放入烤箱以180℃烤至漂亮均勻的焦色，約20分鐘。

裝飾　散熱至不燙手的程度後，切成10等分，依喜好沾取椰香水果奶霜醬即完成。

STRAWBERRY & PISTACHIO BAR

草莓開心果水果條

按照自己的喜好，
隨意搭配水果乾和堅果的組合吧！

■ 材料 & 作法

把上述材料中的無花果乾換成草莓乾，核桃換成開心果。作法相同。

○ 其他適合的 **CREAM**

· 巧克力豆奶醬（P.61）
· 覆盆子豆奶醬（P.61）

SCONE

司康

請趁溫熱時，搭配奶霜醬及果醬一起享用吧！
保存起來的司康，
只要以吐司機或烤箱稍微加熱，美味立刻再現。

CREAM & JAM

起司奶霜醬
➔ P.72

藍莓果醬
➔ P.73

■ 材料　（直徑8cmの司康4個分）

A 原味優格 … 60g
　蜂蜜 … 20g
米油 … 30g
B 米穀粉 … 90g
　杏仁粉 … 30g
　鹽 … 1小撮
泡打粉 … 1/2大匙（6g）
起司奶霜醬（P.72）… 適量
藍莓果醬（P.73）… 適量

■ 準備

○ **A**料放入調理盆中，送入冰箱冷藏
　30分鐘左右。
○ 烤盤裡鋪上烘焙紙，烤箱預熱至
　200℃。

■ 作法

STEP 1　從冰箱取出**A**料後，以打蛋器仔細混合均勻，出現黏稠度後加入米油，全部攪拌均勻。

STEP 2　過篩加入事先混合好的**B**料，以矽膠抹刀整體混合拌勻。

STEP 3　過篩加入泡打粉，快速拌勻。將麵糰分成4等分，以湯匙舀取置於烤盤內，並輕輕整理形狀。

烘烤　放入烤箱以200℃烘烤10分鐘，再以180℃續烤5分鐘。

裝飾　把司康放入容器內，依喜好配上適量的起司奶霜醬、藍莓果醬即完成。

☁ 其他適合的 **CREAM**

・ 豆奶醬（P.60）
・ 蜂蜜優格奶霜醬（P.72）

肉桂糖可麗餅

➡ 作法P.96

烤蘋果奶酥

➡ 作法P.97

CINNAMON SUGAR CREPE

肉桂糖可麗餅

在歐洲，人們喜歡在烤好的可麗餅表面灑上肉桂粉或砂糖後一起享用。
在這個食譜中搭配自製的焦糖醬一併呈現。

SAUCE

焦糖醬
➡ P.73

■ 材 料 （直徑22cm的可麗餅6片分）

A 米穀粉 ⋯ 50g

　甜菜糖 ⋯ 20g

　鹽 ⋯ 1小撮

雞蛋 ⋯ 1個

天然豆奶 ⋯ 150g

甜菜糖 ⋯ 30g

肉桂粉 ⋯ 依喜好適量

焦糖醬（P.73）⋯ 適量

■ 作法

STEP 1　調理盆裡放入**A**料後以打蛋器仔細拌勻，再打入雞蛋，全部攪拌均勻。

STEP 2　慢慢少量加入天然豆奶，持續攪拌直到整體柔順光滑。

STEP 3　以保鮮膜覆蓋，送入冰箱冷藏靜置至少30分鐘至半天的時間。

烘烤　取直徑22cm的平底鍋，以廚房紙巾沾取適量油脂（分量外）薄塗一層於鍋內，中火加熱後，放在濕布上冷卻（如下圖）。之後倒入麵糊，以中火加熱烘烤。表面烤乾、邊緣浮起後便上下翻面，再烤10秒。把有烤上色的面朝下，灑上甜菜糖（一片約5g）、肉桂粉，折2至3摺。以同樣方式總共烘烤6片。

裝飾　依喜好淋上焦糖醬，灑上略為切碎的杏仁顆粒（烘烤過、分量外）即完成。

☁ 其他適合的 **CREAM**

· 米穀粉卡士達醬（P.62）

· 豆腐奶霜醬（原味、P.65）

· 起司奶霜醬（P.72）

烘烤

APPLE CRUMBLE

烤蘋果奶酥

這道也是英國家庭常見的人氣甜點。
又酸又甜的爽口蘋果,配上酥酥脆脆的烤奶酥,一次享受雙重口感。

■ **材料** （21cm×16cm×3cm的烤盤1個分）

蘋果 … 2個
甜菜糖 … 40g
肉桂粉 … 1小匙（2g）
A 杏仁粉 … 50g
　　豆渣粉 … 20g
　　甜菜糖 … 40g
　　鹽 … 1小撮
椰子油 … 60g

■ **準備**

○ 椰子油隔水加熱融化。
○ 烤箱預熱至200℃。

■ **作法**

STEP 1　蘋果削皮去芯,切成2cm丁狀。灑上甜菜糖,靜置10分鐘等待出水。

STEP 2　平底鍋加熱後,把步驟**1**連同果汁一同倒入鍋內,炒至果肉變軟。加入肉桂粉拌勻,裝入烤盤等耐熱容器內。

STEP 3　混合好**A**料後過篩加入調理盆內,加入椰子油,以雙手搓揉混合成散砂狀後,倒在步驟**2**蘋果的表面上。

烘烤　放入烤箱以200℃烘烤20分鐘。

裝飾　裝入適合的容器內即完成。

TOFU CHEESE CAKE

豆腐起司蛋糕

以同等分量的奶油起司和嫩豆腐所完成的烤起司蛋糕。
加上喜好分量的豆奶醬，口感香濃的甜點再升級！

CREAM

豆奶醬
➜ P60

■ 材料　（直徑15cm的圓形活動底模型1個分）

奶油起司 … 200g

甜菜糖 … 70g

嫩豆腐 … 200g

雞蛋 … 2個

檸檬汁 … 1大匙（15g）

米穀粉 … 20g

豆奶醬（P.60）… 適量

■ 準備

○ 奶油起司回至室溫。

○ 烤箱以160℃預熱。

■ 作法

STEP 1　調理盆裡放入奶油起司，持續攪拌直到質地變軟後，加入甜菜糖，混合均勻。

STEP 2　加入嫩豆腐，以打蛋器混合拌勻，然後一次打入1個雞蛋，同時磨擦盆底混合拌勻。

STEP 3　加入檸檬汁、米穀粉，混合均勻。

烘烤　以濾網過篩倒入模型內，放入烤箱以160℃烘烤50至60分鐘。

裝飾　送入冰箱冷藏一晚，再卸除模型。依喜好塗抹適量的豆奶醬即完成。

☁ 其他適合的 **CREAM**

· 豆腐奶霜醬（原味、P.65）

· 蜂蜜優格奶霜醬（P.72）

CHOCOLATE TERRINE

巧克力蛋糕

融化、拌勻、隔水烘烤，就這麼簡單！
意外容易完成的甜點。

■ 材料　（18cm × 8cm ×高6cm的磅蛋糕模型1個分）

A 烘焙用巧克力（甜）… 150g
┃ 米油 … 80g
甜菜糖 … 80g
全蛋液 … 3個分
米穀粉 … 5g

※巧克力使用不含乳製品成分的商品。

■ 準備

○ 將巧克力切碎。
○ 模型內鋪上烘焙紙，烤箱以140℃預熱。

■ 作法

STEP 1　調理盆裡裝入**A**料，隔水加熱融化（巧克力都融化後就移開熱水）。

STEP 2　在調理盆中加入甜菜糖，以打蛋器混合拌勻。

STEP 3　把全蛋液慢慢加入，同時磨擦盆底拌勻，最後加入米穀粉，整體攪拌均勻。

烘烤　麵糊倒入模型內，放入烤盤，在烤盤內加入熱水至模型1/3高度（隔水烘烤）。放入烤箱以140℃烤60分鐘。

裝飾　送入冰箱冷藏一晚後，移除模型。切成一口大小即完成。

ORANGE BISCOTTI

橙香小餅乾

酥脆爽口的小餅乾，好吃的祕訣就在二次烘烤。
搭配的巧克力醬淋不淋都一樣美味哦！

■ 材料　（10cm×1cm的小餅乾14至15根）

雞蛋 … 1個
A 米穀粉 … 120g
　 杏仁粉 … 30g
　 泡打粉 … 1/2小匙（2g）
　 甜菜糖 … 50g
　 鹽 … 1小撮
米油 … 2大匙（24g）
糖漬橙皮 … 40g
烘焙用巧克力（甜）…適量

※巧克力使用不含乳製品成分的商品。

■ 準備

○ 烤盤內鋪上烘焙紙，烤箱以170℃預熱。

○ 將巧克力切碎。

■ 作法

STEP 1　調理盆裡打入雞蛋後攪拌成全蛋液，過篩加入混合好的**A**料，以矽膠抹刀混合拌勻。

STEP 2　加入米油、糖漬橙皮，以雙手混合拌勻。

STEP 3　將麵糰放在烘焙紙上，整形成10cm×20cm（厚度約為1cm）。

【烘烤】　放入烤箱以170℃烘烤30分鐘。在完全散熱冷卻之前，切成1cm寬長條狀，把斷面朝上排列整齊後，以130℃續烤30分鐘。

【裝飾】　調理盆裡放入巧克力，隔水加熱融化，烤好出爐的小餅乾即可沾取享用。

COCONUT GRANOLA

椰香穀片

使用了古早味懷舊零食「爆米香」，口味清爽。

對乳製品不過敏的人，也可以跟香草冰淇淋或優格、牛奶等一起食用哦。

■ 材 料 （便於操作的分量）

爆米香 … 40g

喜好的堅果（烘烤過）… 100g

椰子絲 … 50g

鹽 … 1/4小匙（1g）

蜂蜜 … 50g

椰子油 … 30g

水果乾（葡萄乾、蔓越莓乾等等）… 30g

■ 準備

○ 椰子油隔水加熱融化。

○ 堅果及水果乾如太大塊，略為切碎備用。

○ 烤盤裡鋪上烘焙紙，烤箱以160℃預熱。

■ 作法

STEP 1　爆米香、堅果、椰子絲、鹽，全部放入調理盆裡，整體拌勻。

STEP 2　將蜂蜜加入調理盆內，並仔細混合均勻。

STEP 3　加入椰子油，仔細混合攪拌，讓所有材料均勻沾裹上椰子油。

烘烤　在烤盤內將材料攤平，放入烤箱以160℃烘烤約20分鐘。中途可稍微整體混拌1至2次。

裝飾　出爐散熱至不燙手的程度後，加入水果乾混合拌勻即完成。盛入容器內，可依喜好搭配適量的香草冰淇淋（分量外）享用。需要保存時可使用保鮮盒（密閉容器常溫保存1週以內）。

楓糖餅乾

味噌餅乾

不含麵粉不含蛋的
7種餅乾

➡ 作法P.108、P.109

黑糖薑汁餅乾

香料餅乾

巧克力杏仁餅乾

黑芝麻餅乾

黃豆粉小雪球

不含麵粉不含蛋的 7種餅乾

GLTEN & EGGS FREE COOKIES

不使用雞蛋也不使用麵粉，
但滋味及口感
跟平常吃慣的餅乾幾乎沒有差別哦。

> 保存期間：常溫2週以內
> ※若和乾燥劑一起放入密封容器
> 內，更能保持美味鮮度。

■ 準備

○ 烤箱以180℃預熱。

○ 烤盤內鋪上烘焙紙。

○ 若有使用椰子油，先隔水加熱
　融化備用。

味噌餅乾

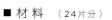

■ 材料 （24片分）

A〔米穀粉40g　杏仁粉40g　玉米粉30g
　甜菜糖20g〕
米油 … 30g
混合味噌 … 15g
天然豆奶 … 20g

■ 作法

STEP1　A料放入調理盆裡，雙手畫圓拌勻後，加入米油，以雙手磨擦搓揉混合，成散沙狀。

STEP2　依序加入混合味噌、天然豆奶，以雙手持續攪拌，直到質地變得均勻且濕潤，最後以雙手集中成圓球狀。

STEP3　以2張保鮮膜夾住步驟2的麵糰，以擀麵棍推擀成16cm×20cm（厚度約5mm）。

烘烤　取下保鮮膜，以餅乾模型壓切麵糰（此處使用3.5cm的菊花形餅乾模）。整齊排放於烤盤內，以叉子在表面戳出小洞。放入烤箱以180℃烘烤15分鐘左右即完成。

楓糖餅乾

■ 材料 （30片分）

A〔米穀粉40g　杏仁粉40g
　泡打粉1/4小匙（1g）　鹽1小撮〕
楓糖漿 … 50g
米油 … 30g
天然豆奶 … 5g

■ 作法

STEP1　A料放入調理盆裡，以矽膠抹刀畫圓攪拌混勻。

STEP2　加入楓糖漿、米油、天然豆奶。

STEP3　混合攪拌至整體柔軟滑順。

烘烤　填入裝有星形花嘴的擠花袋內，在烤盤內擠出約3cm大小的玫瑰花形狀。放入烤箱以180℃烘烤15分鐘左右即完成。

巧克力杏仁餅乾

■ 材料 （20片分）

A〔米穀粉40g　杏仁粉40g　玉米粉20g
　可可粉（不含乳製品成分）5g　甜菜糖30g
　鹽1小撮〕
米油 … 40g
天然豆奶 … 20g
杏仁片（烘烤過） … 15g

■ 作法

STEP1　A料放入調理盆裡，以雙手畫圓拌勻後，加入米油，以雙手磨擦搓揉混合，成散沙狀。

STEP2　加入天然豆奶、杏仁片，以雙手持續攪拌，直到質地變得均勻且濕潤，最後以雙手集中成圓球狀。

STEP3　將麵糰推揉成棒狀（長16cm，直徑3.5cm），以保鮮膜包起後靜置冰箱冷藏約30分鐘。

烘烤　取下保鮮膜，切成每片7至8mm厚，排列於烤盤內，放入烤箱以180℃烘烤15分鐘左右即完成。

黑糖薑汁餅乾

■ 材料 （24片分）

A〔米穀粉60g 杏仁粉30g 玉米粉20g
　　黑糖粉末30g 鹽1小撮〕
生薑末 … 1大匙（15g）
米油 … 40g
天然豆奶 … 10g

■ 作法

STEP1　A料放入調理盆裡，以雙手畫圓拌勻。

STEP2　加入生薑末、米油，以雙手磨擦搓揉混
　　　　合，成散沙狀。

STEP3　加入天然豆奶，以雙手持續攪拌，直到
　　　　質地變得均勻且濕潤。

烘烤　　分成24等分後各別揉成球狀，再以手掌壓
　　　　扁後，排列於烤盤上。放入烤箱以180℃
　　　　烘烤15分鐘左右即完成。

香料餅乾

■ 材料 （20片分）

A〔米穀粉40g 杏仁粉40g 玉米粉30g
　　甜菜糖30g 鹽1小撮
　　乾燥香料（隨喜好，此處使用混合香料）… 1/2小匙（2g）〕
米油 … 40g
天然豆奶 … 20g

■ 作法

STEP1　A料放入調理盆裡，以雙手畫圓拌勻。加入
　　　　米油，以雙手磨擦搓揉混合，成散沙狀。

STEP2　加入天然豆奶，以雙手持續攪拌，直到
　　　　質地變得均勻且濕潤後，以雙手集中成
　　　　圓球狀。

STEP3　以2張保鮮膜夾住麵糰，以擀麵棍推擀成
　　　　16cm×20cm（厚度約5mm）。

烘烤　　取下保鮮膜，切成4cm見方後排列於烤盤
　　　　上。放入烤箱以180℃烘烤15分鐘左右即
　　　　完成。

黑芝麻餅乾

■ 材料 （20片分）

A〔米穀粉40g 杏仁粉40g 玉米粉20g
　　黑芝麻粉10g 甜菜糖30g 鹽1小撮〕
米油 … 40g
天然豆奶 … 20g

■ 作法

STEP1　A料放入調理盆裡，以雙手畫圓拌勻。

STEP2　加入米油，以雙手磨擦搓揉混合，成散
　　　　沙狀。

STEP3　加入天然豆奶，以雙手持續攪拌，直到
　　　　質地變得均勻且濕潤，最後以雙手集中
　　　　成圓球狀。將麵糰推揉成棒狀（長約16cm，
　　　　直徑約3.5cm），以保鮮膜包起後靜置冰箱
　　　　冷藏約30分鐘。

烘烤　　取下保鮮膜，切成每片7至8mm厚，排
　　　　列於烤盤內，放入烤箱以180℃烘烤15分
　　　　鐘左右即完成。

黃豆粉小雪球

■ 材料 （20顆分）

A〔米穀粉50g 黃豆粉30g 杏仁粉30g
　　甜菜糖30g 鹽1小撮〕
椰子油 … 50g
B〔甜菜糖10g 玉米粉3g〕

■ 作法

STEP1　A料放入調理盆裡，以雙手畫圓拌勻。

STEP2　加入椰子油，以雙手磨擦搓揉混合，成
　　　　散沙狀。

STEP3　以雙手持續攪拌直到質地變得均勻且濕
　　　　潤。

烘烤　　分成20等分，各別揉成球狀排列於烤盤
　　　　內，放入烤箱以180℃烘烤15分鐘。

裝飾　　散熱至不燙手的程度後，先在塑膠袋裡把
　　　　B料混合好，把餅乾放入塑膠袋內均勻沾
　　　　取即完成。

INDEX

BASE & CREAM

★ 即為BASE＝基本麵糰食譜。

烘焙良品 91

低敏食材自由配
42款無麩質安心甜點

1調理盆＋3步驟完成！5種無麩質麵糰×24款誘人奶霜醬

作　　　　者／森崎繭香
翻　　　　譯／丁廣貞
發　 行　 人／詹慶和
執 行 編 輯／陳昕儀
編　　　　輯／蔡毓玲・劉蕙寧・黃璟安・陳姿伶
執 行 美 編／韓欣恬
美 術 編 輯／陳麗娜・周盈汝
出　 版　 者／良品文化館
發　 行　 者／雅書堂文化事業有限公司
郵政劃撥帳號／18225950
戶　　　　名／雅書堂文化事業有限公司
地　　　　址／220新北市板橋區板新路206號3樓
電 子 信 箱／elegant.books@msa.hinet.net
電　　　　話／(02)8952-4078
傳　　　　真／(02)8952-4084

2021年3月初版一刷　定價350元

KOMUGIKO NASHIDE TSUKURU TAPPURI CREAM NO
MIWAKU NO OYATSU by Mayuka Morisaki
Copyright © Mayuka Morisaki 2017
All rights reserved.
Original Japanese edition published by Nitto Shoin
Honsha Co., Ltd.

This Traditional Chinese language edition is published
by arrangement with Nitto Shoin Honsha Co., Ltd.,
Tokyo in care of Tuttle-Mori Agency, Inc., Tokyo through
Keio Cultural Enterprise Co., Ltd., New Taipei City.

經銷／易可數位行銷股份有限公司
地址／新北市新店區寶橋路235巷6弄3號5樓
電話／（02）8911-0825 傳真／（02）8911-0801

國家圖書館出版品預行編目(CIP)資料

低敏食材自由配　42款無麩質安心甜點／森崎繭香著；丁廣貞翻譯.
-- 初版. -- 新北市：良品文化館出版：雅書堂文化事業有限公司
發行, 2021.03
　面；　公分. --（烘焙良品；91）
譯自：小麦粉なしでつくるたっぷりクリームの魅惑のおやつ
ISBN 978-986-7627-33-9(平裝)

1.點心食譜

427.16　　　　　　　　　　　　　　　　110002810

staff

攝　　　　影／鈴木信吾
設　　　　計／高橋朱里、菅谷真理子（マルサンカク）
造　　　　形／宮寄夕霞
烘 焙 助 理／福田みなみ、宮川久美子
校　　　　對／濱谷淑美
編輯・企劃／長嶺李砂
執　　　　行／岡田好美、宮崎友美子

〔攝影協力〕
UTUWA
Conasu antiques　http://conasu.tokyo/

GLUTEN FREE
SWEETS

3 STEP   1 BOWL

GLUTEN FREE
SWEETS

3 STEP   1 BOWL

GLUTEN FREE
SWEETS

3 STEP   1 BOWL